NF文庫
ノンフィクション

敷設艦 工作艦 給油艦 病院船

表舞台には登場しない秘めたる艦船

大内建二

潮書房光人社

まえがき

本書で紹介する敷設艦、工作艦、給油艦、病院船は、多くの種類がある海軍艦艇船の中でも表舞台に登場することがほとんどない艦船である。しかしその存在は海軍艦艇の中では極めて重要な位置づけになっている。

日本海軍に在籍した艦艇の中でも「敷設艦」は、れっきとした「軍艦」に位置づけられる重要な艦である。しかし戦艦や巡洋艦などのいわゆる主力艦に比較すると、その存在感は希薄である。つまり敷設艦は海戦で砲撃戦を展開し、直接敵艦と戦闘を交えることもなく、密かな行動が主体であるために、その艦自体があまり知られることはない。

敷設艦の存在意義は「隠密の行動」が重要であり、その結果、敵に甚大な損害を与えるということに意義があるのだ。

敷設艦の任務の主体は作戦行動海域への機雷の敷設である。機雷は三大水中兵器（機雷、魚雷、爆雷）の一つで、現在でもより進化した機能をもって存続している。

機雷は三大水中兵器の中では最も歴史が古い。第一次世界大戦中の一九一五年、オスマン帝国は自国海軍の敷設艦ヌスレットにより、ダーダネルス海峡に多数の機雷を敷設した。その効果は大きかった。黒海に侵入しようとした連合国海軍のイギリス戦艦二隻とフランス戦艦一隻が撃沈されたのだ。そしてこの効果は連合軍艦隊や輸送船団の黒海への侵入を未然に防ぐことになったのである。一方の連合軍側はガリポリ上陸作戦の断念となり、以後の戦局に大きな影響を与えることになったのだ。

またこの時より以前の日露戦争において、日本とロシア双方の敷設艦が敷設した機雷で、日本側は戦艦二隻を失いロシア側も戦艦一隻を失うという事態となった。機雷の敷設とは労は多いが報いの少ない戦法ではある。しかし決して軽んじられる戦法ではないのだ。

第二次世界大戦中も枢軸国側と連合軍側で盛んな機雷敷設作戦が展開された。日本海軍も太平洋戦争初頭から敷設艦による機雷敷設作戦を展開した。本書では日本海軍に在籍したすべての敷設艦を紹介し、その行動も合わせて紹介してある。

日本海軍の数ある艦艇の中でも戦艦や巡洋艦などの主力艦艇よりも、その存在価値の高さが認められた艦艇がある。工作艦「明石」である。工作艦とは敵との交戦により損傷を受け、あるいは故障し運航の自由が利かなくなった艦艇を修理するための艦であるが、戦時においてはその存在価値は平時とは比較にならないほど重要なものとなるのである。

戦時においては広大な太平洋戦域を背景に幾多の艦艇が損傷あるいは故障し、航行不能に陥り、沈没の危機に瀕することが頻発する。この場合、損傷艦は修理のために日本まで帰還することもままならなくなる。これに対し工作艦「明石」は途中の根拠地に在泊し、損傷艦艇に応急の修理を施し本国まで送り返し、またある艦艇は修理後再び戦列に復帰することも可能になったのである。

工作艦「明石」の存在は戦場の前進基地に一つの海軍工廠が開設されたのと同等の価値を生んだのであった。また徴用商船を改装した特設工作艦も、さらなる前進基地に在泊し、多くの損傷艦艇の修理を展開したのだ。本書ではこれら工作艦がどのような設備を持ち、どのように活動したかを紹介してある。

昭和四年以降、日本海軍艦艇の燃料は一部の少数の例外を除き、すべてが重油に切り替えられた。そして以後、新造艦艇の誕生とともに海軍の重油燃料の消費はうなぎのぼりとなった。

日本海軍の想定作戦海域は広大な太平洋であり、途中に燃料補給のための基地を設けることは困難になる。このために準備されたのが艦隊随伴型の給油艦である。しかし太平洋戦争で主力として活動した給油艦のほぼすべては民間から徴用した油槽船であったのだ。

海軍は平時においては艦隊行動に給油艦を随伴させることは稀である。このために多数の大型給油艦を常時保有することは無駄と判断せざるを得ないのである。

そこで海軍が採用した方法が、有事に際し給油艦として十分に活躍できる大型かつ高速の油槽船を民間海運会社に建造させ、いざ戦時となった場合には、これら優秀油槽船を優先的に海軍が徴用し艦隊用給油艦として運用するという方式であった。

昭和十年代に入る頃から民間の石油消費量も上昇をたどっていただけに、民間海運会社としても優秀な油槽船の建造には積極的であった。海軍はこの機運を見逃さず、各海運会社が大型油槽船を建造するときには海軍艦政本部がその設計に参画し、将来の有事に際して、給油艦として十分に機能を果たせるような構造と配置を各油槽船に施すことを指導したのである。

海軍の意向を汲んで設計されたこれら大型油槽船がどのようなものであったのか、本書で理解いただきたい。

病院船の存在は海軍において微妙な立場にあったことは、ほぼ各国海軍の共通する問題であった。病院船は海軍であれ陸軍であれ、傷病兵の拠点基地や本国への輸送に必要不可欠の船であるとともに、拠点基地での将兵の診察や治療、医薬品類の輸送、拠点基地周辺の防疫などに専門に携わる船なのである。

そして当然のこととして病院船は世界共通の規範の中でその行動を順守しなければならないのである。もしこの規範を逸脱する行為をとれば、その病院船は直ちに戦闘艦艇と同列に見なされ攻撃の対象になるのである。その規範の逸脱行為としては、拠点基地将兵向けの糧秣の輸送、武器弾薬の輸送、将兵の輸送、敵地偵察などが挙げられる。

日本海軍ではどのような準備のもとで病院船を運用したのか、本書では太平洋戦争中に起きた病院船に関わるある事件も含め解説している。

敷設艦 工作艦 給油艦 病院船——目次

まえがき　3

第一章　敷設艦

敷設艦とは　15
日本海軍の機雷と機雷戦　18
日本海軍の敷設艦の開発　34
敷設艦の構造と装備　44
日本海軍の正規敷設艦　48
急設網艇　82
日本海軍の特設敷設艦　93
敷設艦の戦歴　97

第二章　工作艦

日本海軍の工作艦とその存在意義　105
日本海軍の正規工作艦とその構造と実力　111
日本海軍の特設工作艦　119
工作艦の戦歴　125

第三章　給油艦

日本海軍の給油艦　129
日本海軍の正規給油艦　135
軽質油（揮発油）運搬艦　154
日本海軍の特設給油艦　163
給油艦船の戦歴　174

第四章　病院船

病院船とは　183
日本海軍の六隻の病院船　188
日本海軍病院船の行動記録　214
あとがき　219

敷設艦　工作艦　給油艦　病院船

――表舞台には登場しない秘めたる艦船

第一章　敷設艦

敷設艦とは

日本海軍に在籍した敷設艦には大別して三種類があった。ひとつは機雷の敷設を専門に行なう敷設艦、そして要地への敵潜水艦の侵入を防ぐための防潜網を敷設する敷設艦、さらには電纜の敷設を専門に行なう敷設艦である。なお電纜とは海底に敷設する電線（通信や信号を伝えるケーブル）のことである。また防潜網を敷設する敷設艦は防潜網の敷設と同時に機雷の敷設も可能である。

本章では敷設艦の代表的存在でもある機雷敷設を専門とする敷設艦に焦点をあてることにした。

機雷は三大水雷兵器（機雷、魚雷、爆雷）の中でも最も早く開発された兵器で、歴史に残されている最も古い実戦での機雷の戦果は、一七七六年にアメリカ独立戦争の際のアメリカ義勇軍側の記録に残されている。このときアメリカ独立義勇軍側に味方した科学者が初歩的な機雷を開発し、この機雷でイギリス海軍の小型帆走艦艇一隻を撃沈している。この機雷の効力は侮りがたい性能を持っており、後に各国海軍で広く使用した機雷の原理がすでに組み入れられているのである。

機雷はその後のクリミア戦争やアメリカの南北戦争ではより進化したものに発展しており、南北戦争では北軍と南軍の双方が仕掛けた機雷により実に四二隻の各種艦船が沈没しているほどである。

驚くことであるが、機雷の原理は日本の幕末の薩摩にすでに伝えられており、薩英戦争（文久三年夏・一八六三年）の際に、薩摩軍が電気式発火装置を組み入れ、陸上からの電気信号で機雷が作動する定置式機雷を鹿児島湾内に複数設置し、侵入してくる英国艦隊に備えた記録がある。このときは薩摩側の作戦上の手違いから機雷を作動させることはできずに終わっている。

その後、一九〇四年から一九〇五年に展開された日露戦争において日本・ロシア両軍が機雷を敷設しているが、このときは両海軍ともに相手海軍の主力艦（戦艦および装甲艦）二隻を含む複数の艦艇を撃沈するという戦果を挙げている。

このとき両軍が使った機雷はすでに完成の域にあった係維式機雷（後述）で、日本海軍にはまだ機雷敷設専用の艦艇が開発されていなかったために、当初は曳船などの雑多な雑役船で数個の機雷敷設隊を編成し、局地的な機雷敷設を展開していた。しかしその直後から徴用商船からなる特設砲艦や特設巡洋艦、さらには水雷艇にも機雷を搭載し機雷敷設を進めたのであった。

一方ロシア海軍側は世界最初の機雷敷設艦（三〇〇〇トン型敷設艦アムール級）二隻を準備しており、ロシア極東艦隊に配置し開戦に先立ち旅順港やウラジオストック軍港などの要所海域への機雷敷設を展開していた。

両軍の機雷敷設戦の結果は、両軍とも主力艦各二隻を失い、その他各種艦船一六隻を失うという結果となったのである。

日本海軍は日露戦争後この結果を重視し、機雷敷設を専門とする艦艇の開発に前向きの姿勢をとるようになった。しかし敷設艦艇は多数を揃える必要もなく、また高性能・強武装を必要とする艦艇でもないために、当面の策として旧式艦艇や商船に相応の改造を施し機雷敷設艦艇とする方針をとることになり、より進化した機雷敷設専用の艦艇の建造を進めることはなかった。

しかし大正九年（一九二〇年）に日本海軍が艦艇類別等級を改正したときに、初めて敷設艦が新しい艦艇として、しかも「軍艦」として類別されることになり、それまで在籍していた老朽化した母体の雑多な敷設艦が除籍され、逐次新造の敷設艦が誕生することにより、日本海軍の敷設艦が少しずつ充実されるようになったのである。

太平洋戦争時までの日本海軍では、「軍艦」と通念的に呼ばれるものは、海軍の艦政上では艦艇と特務艦艇に分類されており、この中で艦艇は「軍艦」と「その他艦艇」に分類された。その中で「軍艦」に区分されるものは戦艦、巡洋艦、航空母艦、練習戦艦、練習巡洋艦、水上機母艦、潜水母艦、敷設艦、砲艦、海防艦だけで、駆逐艦や潜水艦は「その他艦艇」として区分されていた。つまり敷設艦は上位の「軍艦」に加わることになったのである。「軍艦」と「その他艦艇」の外見上の識別点は、軍艦は艦首に日本国を代表することを意味する金色の菊の御紋章が取り付けられていることである。

日本海軍の機雷と機雷戦

日本海軍が機雷の研究を始めたのは海軍創設直後の明治六年（一八七三年）であった。当時の海軍兵器局長が欧州出張に際しアメリカで機雷の研究が盛んであることを知り、日本海軍でも機雷の研究を始めるべき、として開始されることになったとされている。

その後翌年の明治七年に海軍軍人の一人をイギリスからアメリカに派遣し、機雷の研究にあたらせた。そして同時に海軍内に水雷製造局が設立されることになった。

日本海軍は明治十一年（一八七八年）に、イギリスより同国海軍で実用されていた機雷二個を購入したことから、日本海軍の機雷の研究開発は一気に進展することになった。

日本海軍が開発した機雷第一号は、明治十九年（一八八六年）に完成している。この機雷は直径五六センチ、長さ九〇センチの円筒形のもので、炸薬量は八〇キログラムで発火装置はイギリス製機雷と同様の電路啓閉器式となっていた。

その後明治二十二年（一八八九年）にこの機雷は量産化されることになり、同時に機雷敷設を行なう水雷隊の設立が検討された。

明治三十七年（一九〇四年）に日露戦争が勃発すると、日本海軍は機雷戦を展開した。このとき日本海軍には機雷敷設専用の艦艇はまだ開発されておらず、徴用商船を改装した特設砲艦や特設巡洋艦、さらには小型の水雷艇などに機雷を搭載して水雷隊を編成し、ロシア艦艇の基地周辺海域や予想航路上などに機雷の敷設を展開した。そして一方のロシア海軍もアムール級機雷敷設艦を極東に派遣し、ロシア海軍の基地周辺などに機雷の敷設を展開した。

この機雷戦において両海軍はそれぞれ二隻の戦艦や装甲艦（ロシア側：ペトロパブロフスクとセバストポリ、日本側：「春日」と「初瀬」）を失うという大きな打撃を被っている。

機雷の効果は証明されたものの、日露戦争後は日本海軍の機雷開発や機雷敷設方法に関して際立った発展は見られなかった。これは機雷が防衛主体の兵器であり敵艦艇を積極的に攻撃するものではないという理念から、あえて早急に専用の機雷敷設艦艇を開発する必要がなかったからである。機雷の敷設は有事に際し日本の防衛に必要な日本本土周辺に敷設することが主体であり、この作業は小型艦艇、旧式艦艇あるいは徴用商船を使った特設艦艇がその任務にあたることで十分、とする考えがあったためと思われる。事実、日本海軍が機雷敷設専用の敷設艦を初めて建造したのは大正六年（一九一七年、日露戦争一二年後）のことであった。

一方、日本海軍の機雷の開発もこの間に急速に発達することもなく、既存の係維式機雷の改良が行なわれただけで、感応式機雷などの最新式の機能で作動する機雷の開発は、初期的な研究が開始された状態であった（ドイツ海軍やアメリカ海軍は新型の感応式機雷を第二次大戦勃発時点から実用化していたが、日本海軍は太平洋戦争終戦時点まで感応式機雷の開発は未完に終わっている）。

機雷敷設の本来の目的は、戦闘時において敵艦艇の自国の重要領海や要港周辺への侵入を防ぐことであり、防衛的手段として使われる兵器である。しかしこの兵器は使用方法によってはより積極的な戦術にも適用できるもので、有事に際しては密かに敵領海内に侵入し、敵国艦船の航行に障害を与える位置に機雷を敷設することもできるのである。

しかし日本海軍は機雷に関しては、当初から防衛目的を主体とした敷設を念頭に置いており、積極的に敵国側の領海に侵入し機雷を敷設するというには、まだ明確な構想はなかった模様である。そのために機雷敷設専用の、とくに強行機雷敷設を行なえる敷設艦を建造する気配はなく、日本海軍が初めて専用の敷設艦を建造した大正六年というのは、多分に第一次世界大戦において欧州戦線で展開された効果的な機雷戦が影響していたことは間違いないようである。

当時日本海軍の機雷は一部の管制式機雷（係維式機雷を陸上からの信号で爆発させる方式の機雷）を除き、すべてが指定海域に配置する係維式機雷であった。この機雷は当時の世界のすべての海軍が使用していた型式の機雷で、構造も取り扱いも簡単で、しかも製造原価が安価であるという利点を持っていた。

係維式機雷の本体は直径八〇センチから一メートルの鋼製の球体で、その内部には一〇〇～二〇〇キログラムの炸薬が充填され、この球体を水面下一～三メートルの位置に沈下させ、敵の艦船の船底がこの球体に接触すると爆発する仕掛けになっていた。爆発の仕組みは、球体の上面に取り付けられた数本の突起（通称機雷の「角」と呼ばれる）に艦船の船底が接触した時に、この突起が壊れることにより電気回路が発生し、起爆装置が作動して炸薬が爆発するという仕掛けになっていた。

しかし海面直下に浮遊する機雷に敵艦船の船底が接触する機会は、多分に偶然性に期待することになる。そこで多くの場合、機雷の敵艦艇との接触の機会を増やすために、複数の機雷を長いワイヤーで連結し、敵艦艇が機雷に接触しなくとも艦艇の水面下の艦首がこのワイヤーを引っかけ、それにより引きずられた機雷がその艦艇の水面下舷側に接触し爆発させる、という方式も採られていたのである。

日本海軍が太平洋戦争中に多用した機雷は係維式の九三式機雷（昭和八年制式採用）で、本体の球体の直径は八三センチで、一〇〇キログラムの炸薬が充填されていた。この九三式

第１図　九三式機雷の構造図

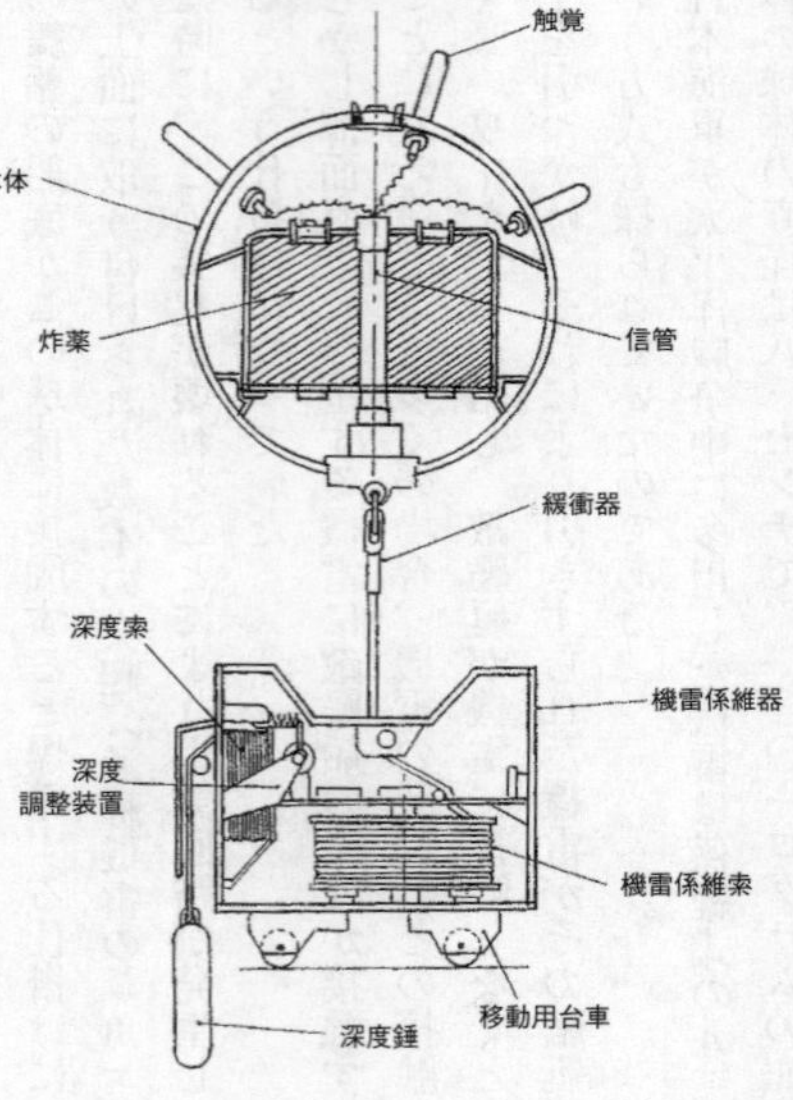

機雷の構造図を別図に示すが、機雷は機雷本体とこれを海面下の所定の位置に設置させるための係維器が一組になり構成されているのである。

機雷本体と係維器が一組となった形で敷設艦から海面に投下されると、沈下して行く途中で機雷本体と係維器は分離する。この二つは係維索（ワイヤー）で連結されており、係維器が海底に到達すると機雷本体は海面下一〜三メートルの範囲に浮遊する長さに係維索は調整される。これにより機雷は係維器が錘となり所定の位置に敷設されることになるのである。このような仕掛けになっているために係維式機雷は浅海（例えば水深数十メートル〜一〇〇メートルの範囲）に敷設することが主体になる。これによって自国の領海内の重要港湾付近や重要海峡などへの敵艦艇の潜入を防止するのである。

第２図　係維式機雷の敷設メカニズム

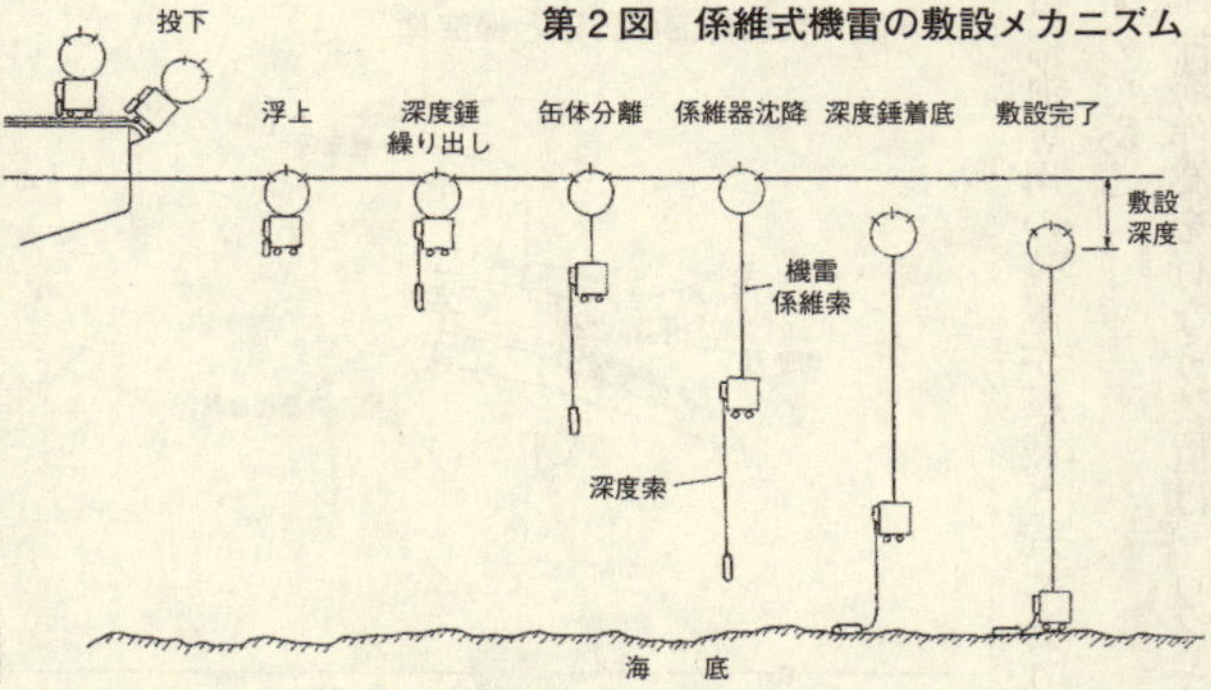

第３図　係維式機雷の
敷設応用例

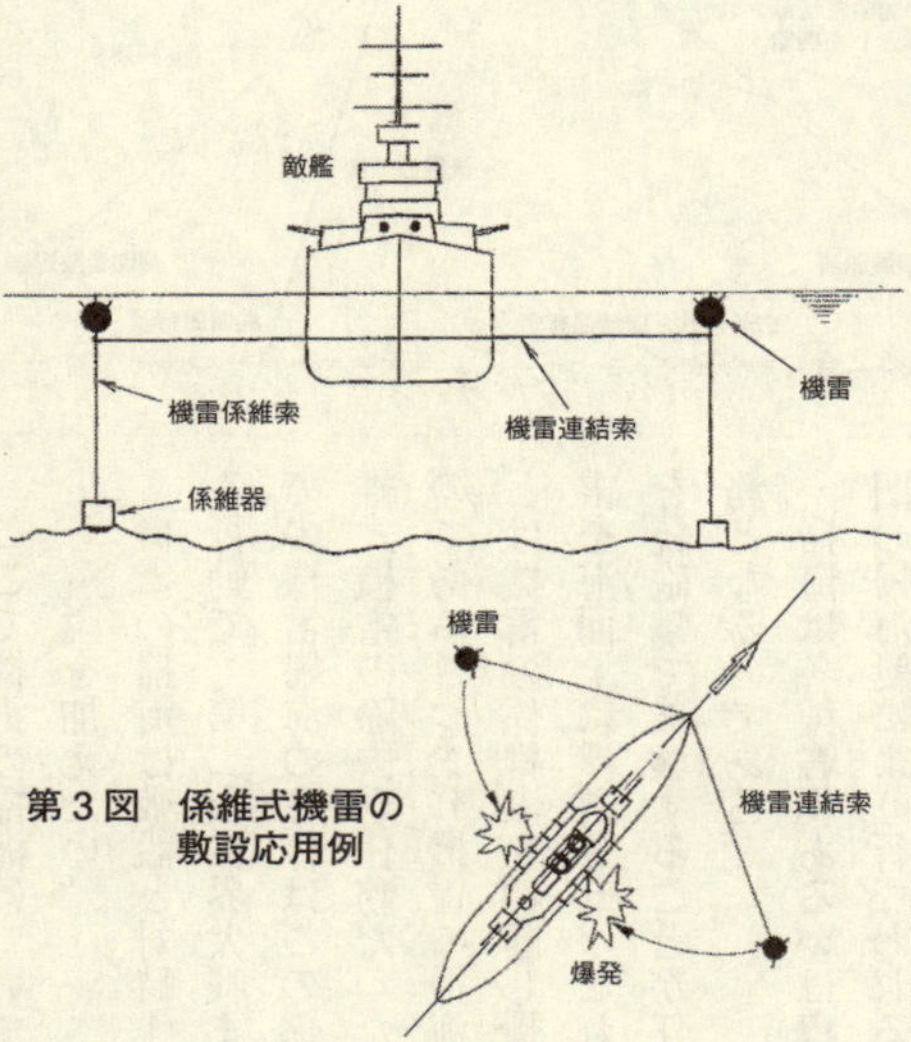

第４図　機雷掃海の方法と掃海具

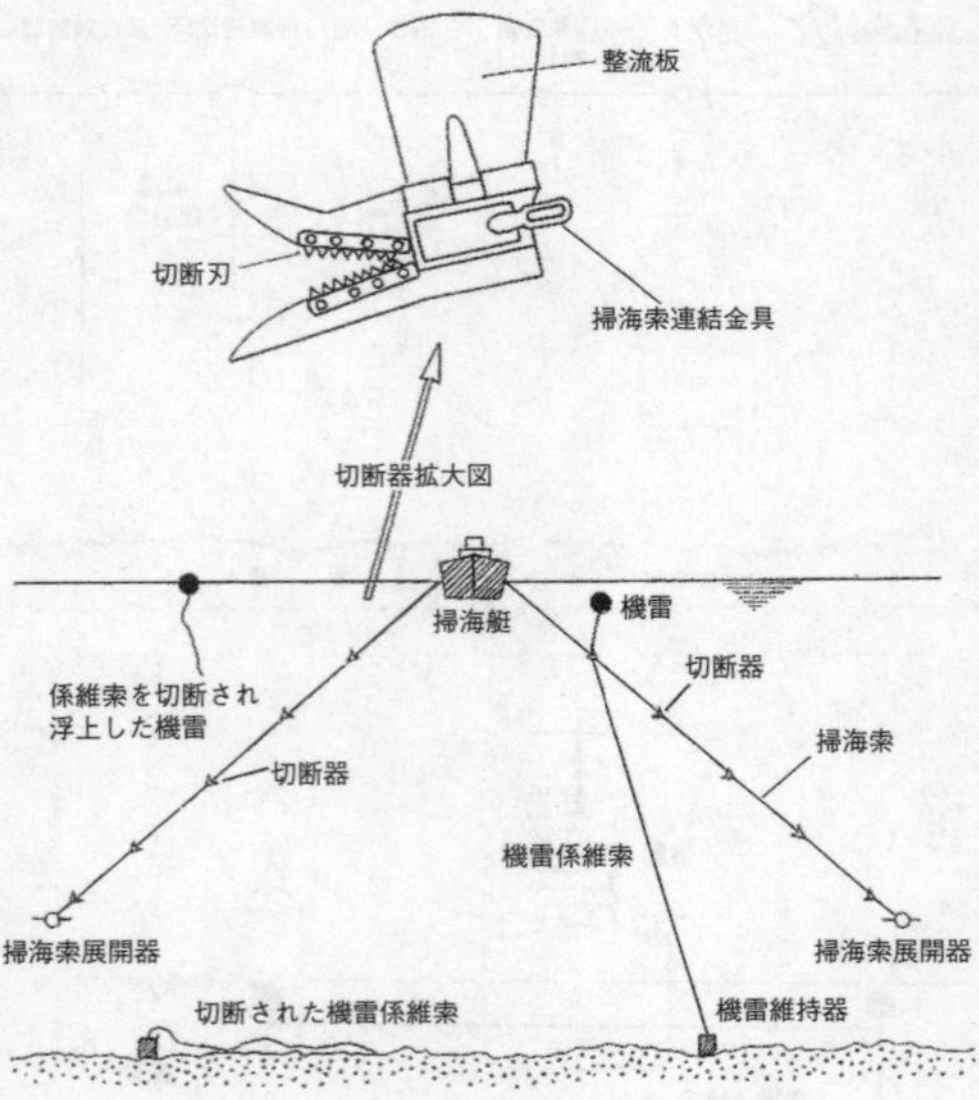

ここで機雷の掃海について少し解説を加えたい。

機雷の掃海は敷設と対峙する行動で、第二次世界大戦までの機雷掃海の主体はこの係維式機雷の除去が任務だったのである。つまり機雷の掃海とは機雷の係維索を切断し機雷を海面上に浮遊させ、これを銃砲撃で破壊することが任務となるのである。

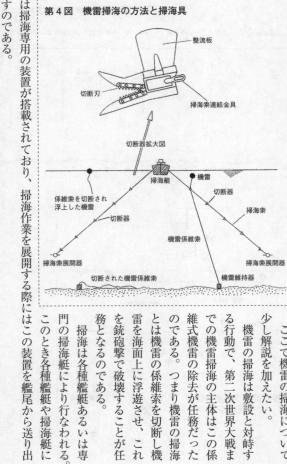

掃海は各種艦艇あるいは専門の掃海艇により行なわれる。このとき各種艦艇や掃海艇には掃海専用の装置が搭載されており、掃海作業を展開する際にはこの装置を艦尾から送り出すのである。

掃海作業を行なう装置は、ワイヤー（掃海索＝機雷の索を切断するための複数の切断機が取

第5図　機雷掃海の方法

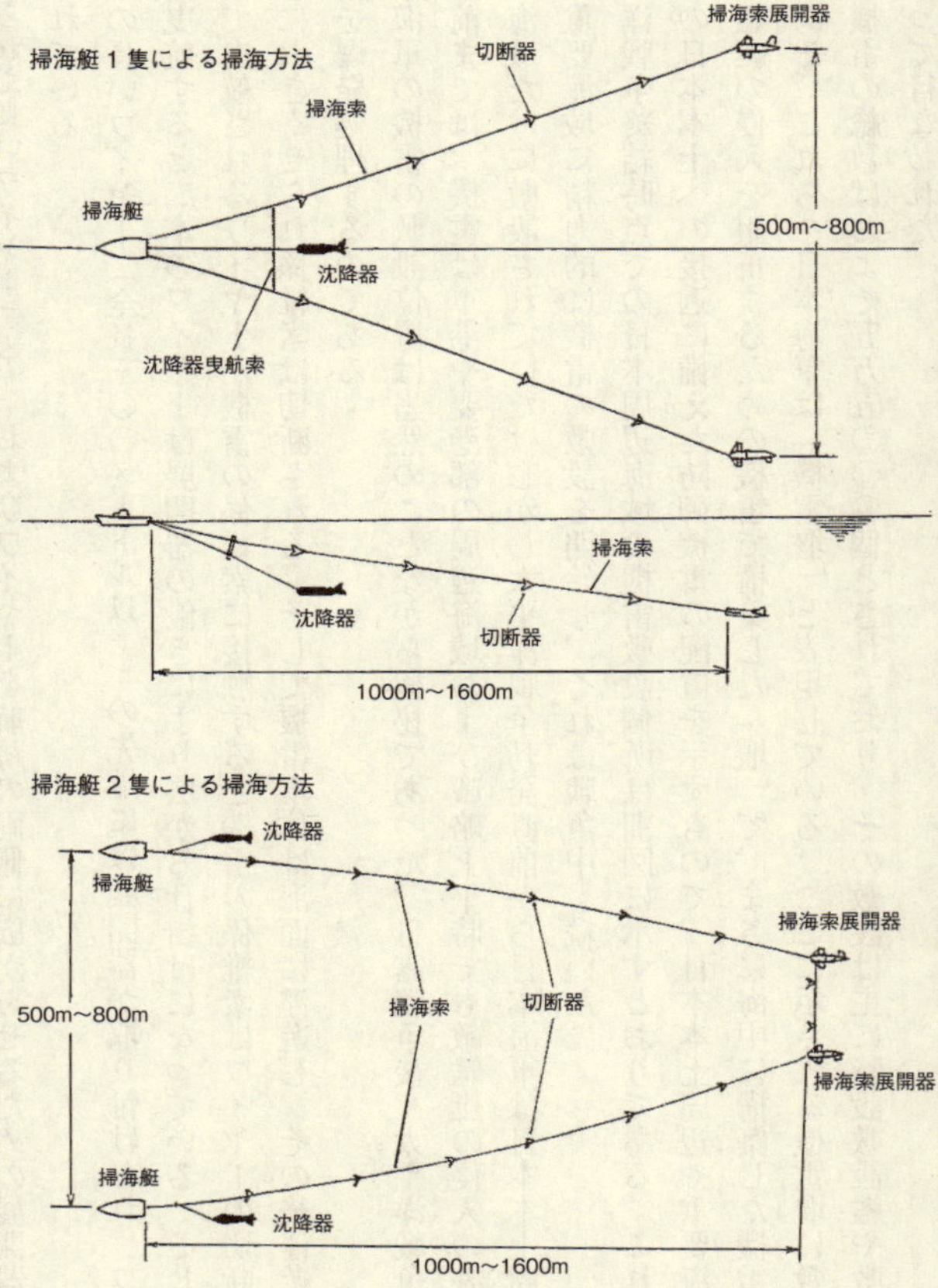
掃海艇1隻による掃海方法
掃海索展開器
切断器
掃海索
掃海艇
500m〜800m
沈降器
沈降器曳航索
掃海索
沈降器
切断器
1000m〜1600m
掃海艇2隻による掃海方法
沈降器
掃海艇
掃海索展開器
500m〜800m
掃海索
切断器
掃海索展開器
掃海艇
沈降器
1000m〜1600m

り付けられた長いワイヤー二本）、およびワイヤーを航跡の両側に広がらせるための展開器で構成されている。

二本の長いワイヤー（全長三〇〇メートル以上）の先端には展開器が取り付けられ、ワイヤーを曳航すると二本のワイヤーは展開器の働きにより広がる仕掛けになっている。そして広がって曳航されるワイヤーが機雷の係維索に接触すると機雷の係維索はワイヤーの切断機の位置に引き寄せられ係維索は切断される。そして機雷本体は海面に浮遊し、その後浮遊した機雷を爆発処理するのである。

日本海軍の機雷の敷設位置は当然のことながら極秘であった。日露戦争後、太平洋戦争の勃発直前までは、機雷は軍港や要港部の周辺海域および戦略上平時でも敵艦艇の侵入の許されない海域だけに敷設されていた。しかし太平洋戦争勃発直前から日本海軍は日本本土周辺海域や重要海域に精力的に機雷の敷設を開始し、それは戦争中も続いた。

太平洋戦争終結時点での日本周辺海域の機雷敷設個所は別図に示すとおりである。これは敵艦艇の日本本土への接近に備えた防御機雷の配置を示すもので、日本本土周辺や重要海域への敵艦艇の侵入を阻止するための機雷で構築した「堰」で、まさに海中に構築した機雷の城壁である。これらを日本海軍は「機雷堰」と表現している。ここに示される機雷堰に敷設された機雷の総数はおよそ五万五〇〇〇個とされており、その敷設は主に特設敷設艦や敷設艇によって行なわれた。

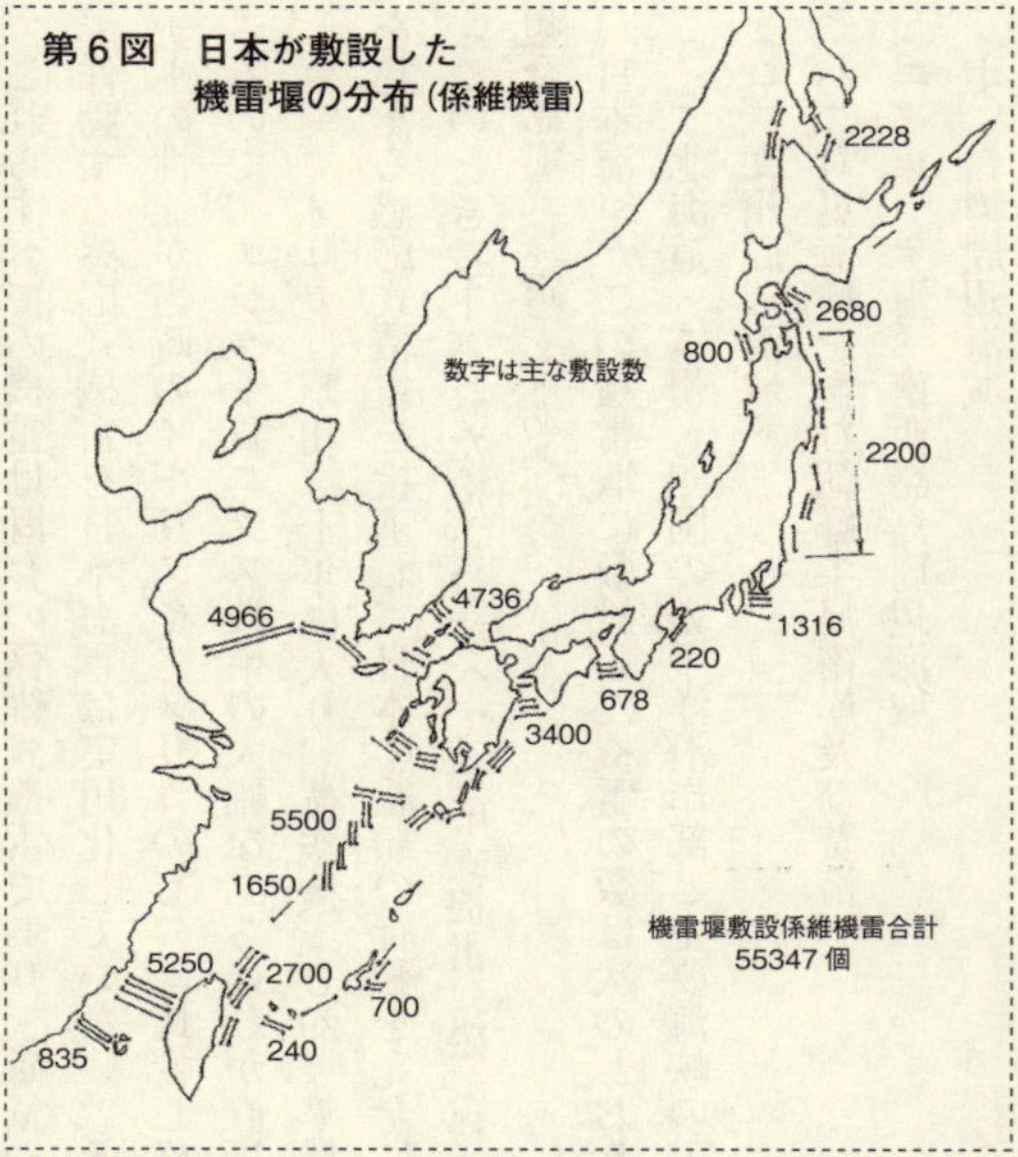

第６図　日本が敷設した機雷堰の分布（係維機雷）

日本海軍の当初の機雷敷設海域は日本周辺のみが対象になっていた。しかし第一次世界大戦後に南洋海域の各島嶼が日本の委任統治領となると、海軍の進出拠点基地として同領域内にあるトラック諸島の存在が重要視された。また仮想敵国としてアメリカを意識する中で、これら領域や日本沿岸海域の防衛のために機雷の敷設について真剣な検討が開始され、同時に遠洋での行動を意識した新しい機雷敷設艦建造計画が具体化して行くのである。そしてさらに防衛用の機雷敷設海域の拡大も検討されだしたのであった。

日本海軍は太平洋戦争勃発の時点で二万九二五〇個の機雷を保有しており、その後新たに四万六〇〇〇個の機雷を生産し、これらは機雷堰や外地戦域での機雷敷設に使用した。

これらすべての機雷は既存の係維式機雷であり、磁気や音響あるいは水圧の変化を感知して作動する感応式機雷を日本海軍は実用化していない。その原因は日本海軍のレーダーやソナーの性能が当時のイギリスやアメリカのものに比較し格段に劣っていたことと軌を一にするもので、エレクトロニクス技術の大幅な立ち遅れが直接の原因であったのだ。

事実アメリカは昭和二十年に入り、航空機（B29爆撃機）から主に西日本の海域に一万個を超える感応式機雷を投下し、日本の艦船の行動を完全に封じ込んでいるのである。このとき投下された機雷はすべて感応式機雷（磁気機雷、水圧機雷、音響機雷およびその複合感応式機雷）であった。

日本海軍がこの機雷堰に敷設した機雷の数は次のとおりとされている。

(イ) 北海道・本州・四国の太平洋沿岸部と主要海峡の入口　一万四九二七個
(ロ) 九州周辺海域　一万一二個
(ハ) 対馬海峡を含む朝鮮半島南岸及び黄海　七六四〇個
(ニ) 東シナ海。南西諸島周辺海域　一万五四七四個
(ホ) 台湾周辺海域　七二九四個
合計　五万五三四七個

なお戦後の検証では、この機雷堰により撃沈破された連合軍側艦艇の数は極めて少数であることが判明している。つまり機雷は能動的な武器ではなく、あくまでも受動的な武器とし

第７図　アメリカ海軍の複合感応式機雷の横断面図

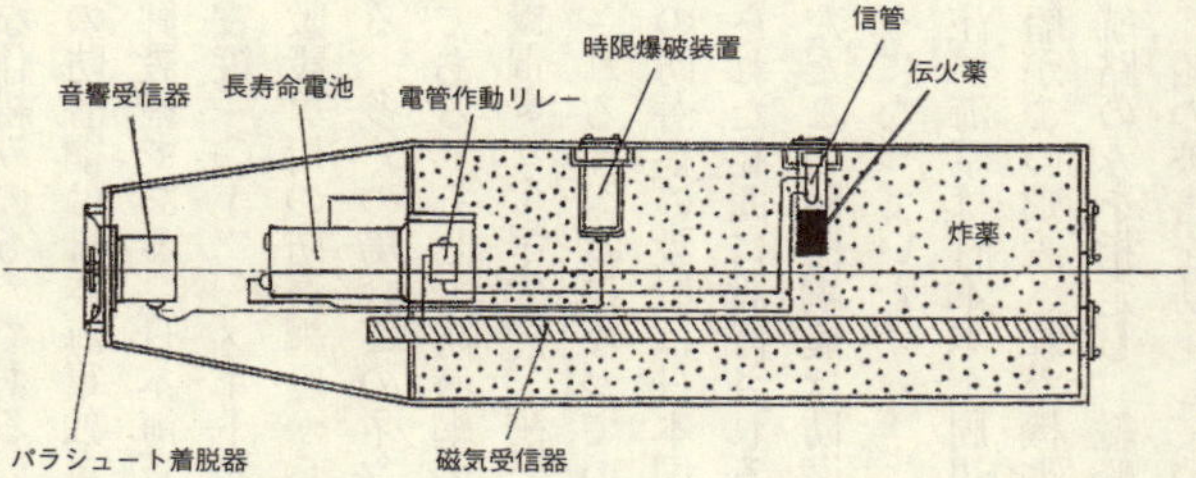

て使われ、しかも多分に確率論的要素を期待する武器であるために、驚異的な戦果を期待することはできないことを理解しなければならないのだ。そうした海域を航行する敵艦艇が敷設した機雷に接触する確率は極めて小さなものとなる。例えば本州東岸沖に設けられた機雷堰も、その敷設個数と敷設海域の面積から算出すれば、機雷に接触する偶然性の確率は極めてわずかなものとなるのである。

事実、戦争末期には機雷堰で防御されたはずの東シナ海や黄海では、多くの日本艦船がアメリカ海軍潜水艦の雷撃で撃沈され、また潜水艦の通過に対し厳重に防御されたはずの宗谷海峡や津軽海峡がアメリカ海軍潜水艦の通過を許し、日本海での艦船の犠牲を出しているのである。これは潜水艦に装備されたソナーの精度が高く、設置された機雷や防潜網の位置確認が可能であり、機雷原を回避して潜入したことを意味するものと考えることもできるのである。

ここで出てくる防潜網とは、敵潜水艦が要地へ侵入することを防ぐために仕掛ける「網」で、漁業で使う「刺し網」のような仕組みのものである。

この防潜網は日本海軍独自のものではなく、世界の海軍で広く使われていた潜水艦に対する防御設備である。日本海軍が使用した代表的な防潜網は、一枚の横幅三〇〇～五〇〇メートル、縦一〇～二〇メートル、網目幅が二メートル前後の鋼製のネットで、これを一単位として敷設専用の防潜網艇から繰り出し、部分的に「浮き」を取り付けて海面下に仕掛けるのである。多くの場合このネットを数単位の長さで敷設し、要港海域への敵潜水艦の潜入を防ぐのである。そして防潜網の効果をより高めるために防潜網には一定間隔で専用の機雷（通常の機雷よりやや小型）が取り付けられ、防潜網を引きずる敵潜水艦はこの機雷と接触し撃沈破される仕組みになっているのである。

この防潜網の設置は日本国土や前進基地の潜水艦の侵入を絶対に避ける必要のある、極めて限られた範囲に設置されることが主体であるために、海軍は専用の防潜網艇を建造している。ただこの防潜網艇は防潜網の敷設ばかりでなく機雷の敷設も合わせて行なうことができるようになっていた。

（注）海軍は日本本土周辺に敷設した機雷の位置は正確に確認しており、付近を航行する艦船がこの敷設された機雷により被害を受けることを防止するために、敷設位置は示さずに航路のみを指定し、艦船はこの航路の航行を厳格に守ることが明示され、機雷による航行艦船の被害を防止していた。

第8図　防潜網の設網設定例

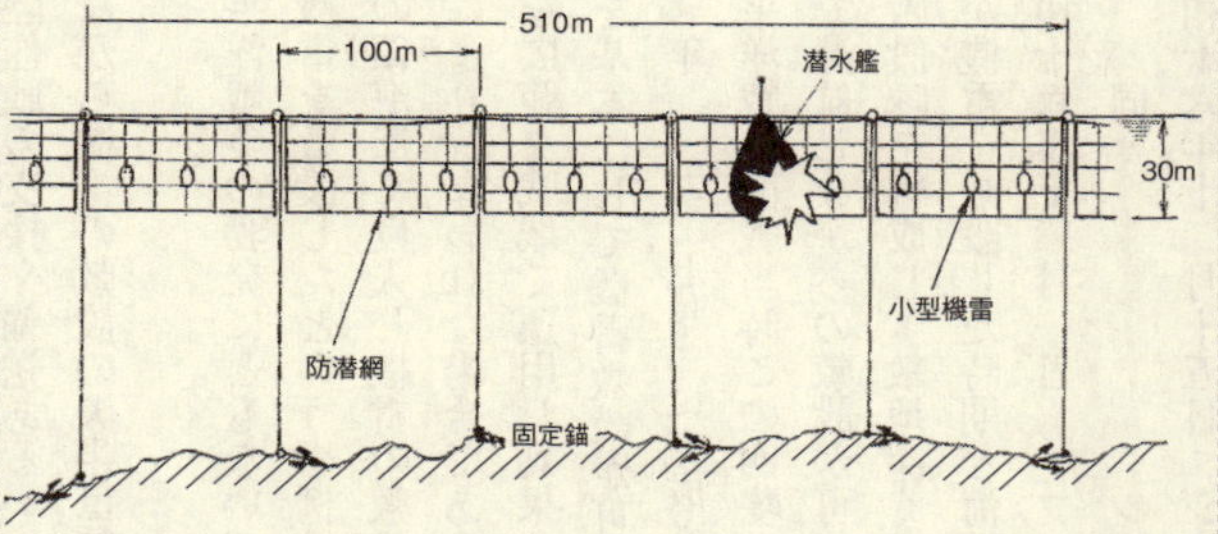

日本海軍は太平洋戦争勃発当時、正規の大型敷設艦二隻、同中型敷設艦七隻、小型の敷設艇一三隻、また機雷敷設潜水艦四隻を保有していた（開戦後、正規の中型敷設艦一隻と敷設艇八隻を建造）。

しかし開戦後、作戦海域および防衛海域の増大により機雷の敷設数は増加の一途をたどり、既存の敷設艦艇のみでは敷設作業がまかないきれなくなった。そこで海軍は民間の商船を徴用し、必要な改造を行ない特設敷設艦として運用した。

なお日本海軍は敷設艦については、あくまでも機雷敷設装置を備えた専用の水上艦艇を敷設艦として分類しており、機雷敷設潜水艦は機雷の敷設が可能な通常型潜水艦として認識し、この潜水艦を敷設艦として分類することはなかった。

一方、正規の敷設艦は優れた性能を持っていたと同時に様々な機能を備えていたために、太平洋戦争勃発当初から正規の敷設艦で機雷敷設戦隊は編成されてはいたが、多くは上陸作戦の支援や輸送あるいは船団護衛の任務を負わされることが多く、正規の敷設艦でありながら機雷の敷設の大半は特設敷設艦や敷設艇によって展開される場合が多くなっていた。

太平洋戦争の勃発にともない、あるいはその直前に、日本海軍の敷設艦が敵の領海深く潜入し機雷を敷設したという事例は決して多くはない。

敵の領海深く侵入し機雷の敷設を展開した例は、そのほとんどは機雷敷設設備を持った潜水艦により行なわれた場合である。第一次世界大戦でドイツ海軍は機雷敷設潜水艦を開発しこれを広範な戦域で運用し効果を挙げた。戦後日本海軍はこの潜水艦三隻を入手し、この潜水艦を基本にして機雷敷設が可能な潜水艦（伊二一型：後に伊一二一型と呼称変更）四隻を昭和二年（一九二七年）に完成させている。

太平洋戦争開戦当時この四隻の潜水艦はすでに老朽化していたが、六六個の機雷の搭載が可能で潜航しながらの敷設が可能なことから、日本海軍は太平洋戦争の勃発直前にこれら四隻で敷設隊を編成し、敵地深く潜入し機雷の敷設を展開している。これら四隻の機雷敷設潜水艦が機雷を敷設した時期と海域は次のとおりであった。

昭和十六年十二月一日　フィリピンのマニラ湾口周辺に四九個（二隻）

同　シンガポール海峡へ八四個（二隻）

昭和十六年十二月十五日　ジャワ島スラバヤ港外へ三七個（一隻）

昭和十七年一月十日　オーストラリア・ポートダーウィン港外および北部トレス海峡に一二〇個（四隻）

その他正規の大型機雷敷設艦による敵地海域への強硬機雷敷設例として次がある。

昭和十六年十二月十日　シンガポール北方のアナンバス諸島海域に五三九個。

日本海軍の敵地海域に対する強行敷設の事例は多くはない。これに対しドイツ海軍は第二次大戦において遠隔地での機雷の強行敷設を積極的に展開している。そしてそのすべては機雷敷設専用潜水艦（X型）あるいは機雷敷設が可能な汎用潜水艦（ⅦD型など）で展開している。

ドイツ潜水艦が機雷敷設を展開した海域は、ドーバー海峡を含むイギリス本島周辺海域からジブラルタル海峡入口、アフリカ南端のケープタウン周辺海域、さらにアメリカ東岸からカリブ海にかけての海域、インド洋海域と広範囲におよんでいる。

ドイツ海軍の機雷敷設専用潜水艦は機雷（通常は係維式機雷。状況によっては磁気感応式機雷を搭載）を八〇個以上も搭載し、これらの海域で潜水しながらの機雷敷設を展開していた。一方汎用型潜水艦も磁気感応式機雷を魚雷発射管から射出し敷設することが可能で、これら機雷二〇個前後の搭載が可能であり、敵地の港湾付近の海域への機雷敷設を展開したのである。

太平洋戦争中の日本海軍の機雷敷設は、日本本土および近海の機雷堰の構築や、前線の根拠地周辺海域の防御用機雷敷設に終始し、戦争勃発直後に展開されたような積極的な敵地海域への強行機雷敷設は展開されていない（四隻の機雷敷設潜水艦も当初の強行作戦後は、艦の老朽化にともない同様な機雷敷設を展開することもなく練習潜水艦に指定され、また海軍も新たに機雷敷設能力を持った潜水艦の建造も行なわなかった）。

日本海軍の敷設艦の開発

日本海軍の機雷戦へ向けてのスタートは、国産機雷を完成させた明治十九年（一八八六年）であったといえる。日本海軍は明治十一年（一八七八年）にイギリスから持ち帰った二個の機雷を参考にし、日本独自の機雷の開発をスタートさせた。

八年後の明治十九年に日本最初の機雷の完成を見たが、この機雷の敷設実験には巡洋艦「浪速」が使われた。そして実験の結果は「実用に適する」と判断された。その後この日本式機雷が量産されることが決まると、横須賀、佐世保、舞鶴、大湊の軍港や要港に水雷敷設戦隊が設立されることになったのである。

このとき、敷設戦隊の専用艦艇として曳船型の小型敷設艇が建造され、要港周辺海域への機雷の敷設を始めている。しかしこの当時の機雷の敷設はバッチ式（断続式）の敷設であり、航行する艦艇から機雷を連続的に投下・敷設が可能になるにはまだ少しの時間が必要であった。

その後明治三十年代に入りイギリスなどから資料を取り入れ、係維器が開発された。そして機雷と係維器を一組にして機雷の投下が可能になり、しかも機雷の水面下の設置位置が自動的に設定可能になることに成功し、初めて実用的な機雷が完成するとともに、機雷の本格的な連続投下・敷設が可能になったのである。それは日露戦争直前の明治三十六年（一九〇三年）のことで、日露戦争当時は機雷の連続敷設が実用段階に入った直後だったのである。

日露戦争が勃発したとき、日本海軍には機雷敷設専用の艦艇は存在しなかった。敷設作業を行なったのは駆逐艦や水雷艇、さらに徴用商船を改装した特設砲艦や特設巡洋艦であった。これらの艦艇の艦尾甲板に機雷投下用の特設の装置を設け、航行しながらの機雷の断続的投下を可能にしていた。

日露戦争でとくに活躍した機雷敷設艦は特設巡洋艦の旅順丸であった。旅順丸は明治二十五年（一八九二年）にイギリスで建造された総トン数四七九四トンの貨物船で、明治二十七年に日本郵船社が欧州航路用の貨物船として購入した船であった。

本船は日露戦争勃発直後の明治三十七年（一九〇四年）に海軍に徴用され、特設巡洋艦として運用されることになった。このとき本船の船尾側の船倉が機雷庫に改造され三〇〇個の機雷の搭載を可能にした。そして後甲板の両舷から船尾にかけて機雷移動用の軌条が配置され、機雷は船尾に設けられた投下台（一種のシュート）から投下されるように改造された。

本船（艦）は日露戦争期間中に日本海軍最大の機雷敷設艦として活動することになり、小型敷設艇では敷設が不可能な日本海や黄海の要所への機雷敷設を行なっている。

日本海軍は日露戦争後機雷戦の重要性を認識し、機雷敷設専用の艦艇の必要性を痛感はしたが専用の敷設艦の建造を行なうまでには至らず、明治四十二年（一九〇九年）に当面の策として旧式化しつつあった二隻の巡洋艦（「浪速」と「高千穂」）を敷設艦に改造した。

この二隻はその後第一次世界大戦と海難で失われ、その代替として巡洋艦「津軽」（旧ロシア巡洋艦パルラーダ）を機雷敷設艦に改造し運用した。本艦は機雷四〇〇個の搭載が可能な当時の日本海軍唯一の敷設艦であった。

当時の日本海軍には日本本土周辺に強力な機雷堰を構築するという構想はまだなく、さらに多くの機雷敷設艦を建造する考えもなかった。ただ有事に備え有力な敷設艦の保有は認めており、他の適合艦艇を改造し数隻の敷設艦の整備は検討していた。

大正六年（一九一七年）に折から欧州を中心に展開されていた第一次世界大戦の影響もあり、日本海軍は初めての正規敷設艦一隻を建造した。敷設艦「勝力」である。本艦は当初は軍艦ではなく類別上は特務艦船として建造された。しかし同時期に行なわれた海軍の艦艇類別等級の改正により「勝力」は特務艦に区分されることになった。そして改造敷設艦「津軽」と同じく旧ロシア巡洋艦バヤーンを改造した新たな敷設艦「阿蘇」と組み、大正九年（一九二〇年）に敷設艦三隻で敷設戦隊を編成した。

その後大正十二年（一九二三年）に老朽化した「津軽」を除籍し、新たに装甲巡洋艦「常

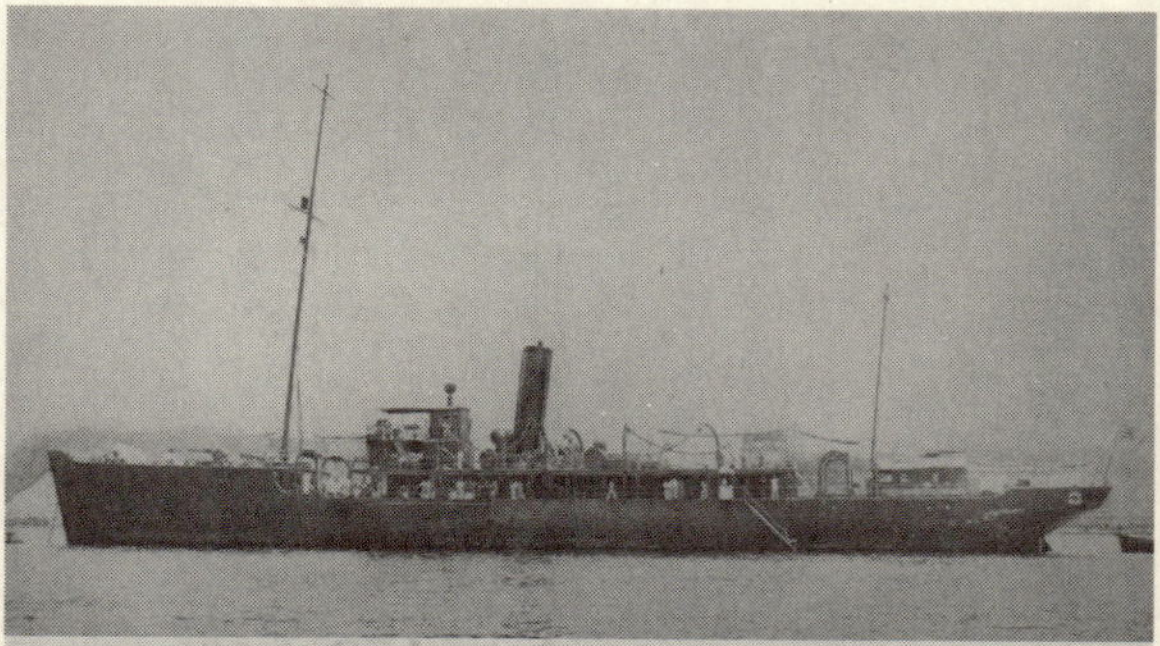

(上)勝力、(下)常磐

磐」を敷設艦に改造し、敷設艦三隻体制を持続することになった。

この間に日本海軍は新たに建造された五五〇〇トン級軽巡洋艦(「名取」「多摩」等)や新たに建造された「峯風」級駆逐艦にも機雷敷設能力(搭載と投下)を持たせることにより、日本海軍としての潜在的な機雷敷設能力の向上を図っていた。

一九二〇年代に入り世界的に潜水艦の開発が進むかたわら、対潜水艦対策に対する研究も進められていた。

日本海軍も軍港海域への敵潜水艦の侵入を阻止するために、機雷を付加した防潜網の開発とその敷設に関する研究が進められていた。そして防潜網の敷設と機雷の敷設の両方が可能な敷設艦艇の建造を進めることになった。最初に建造が具体化したのは敷設艇（急設網艇）「白鷹」である。

このとき同時に広範囲の海域での機雷の敷設が可能な航洋性を持った正規敷設艦一隻の建造も計画されたが、予算の不足から建造予算が認められず、昭和三年（一九二八年）になりやっと二〇〇〇トン級の正規敷設艦「厳島」が建造されたのである。

海軍は「厳島」の完成を機にそれまでの旧式艦改造の敷設艦を廃し、さらなる正規敷設艦の建造を進め機雷敷設能力の向上を図ろうとした。しかし当時の日本海軍全体を支配していた構想は、戦艦や巡洋艦などの主力艦の建造が第一義であり、二次的な任務と考えられていた防衛的要素の高い敷設艦には、容易に建造予算は回らなかったのである。

昭和五年（一九三〇年）になり正規敷設艦一隻の建造予算が認められた。この艦が敷設艦「八重山」（昭和七年完成）で、ここに至り「厳島」に続いて航洋性を持った正規敷設艦二隻を保有することになったのである。

この時期の日本海軍の各種艦艇の維持と建造には、ワシントン海軍軍縮条約に続くロンドン海軍軍縮条約に基づく様々な制約が付加されており、その制約は敷設艦の建造に対しても例外ではなかった。

（上）厳島、（下）八重山

日本海軍が新しい敷設艦の建造を計画していることに対し、この条約では同艦に巡洋艦並みの戦闘能力を付加させないような制約も課せられていた。このために日本側が計画していた五〇〇〇トン級敷設艦の建造も、既存の五五〇〇トン型軽巡洋艦の機雷敷設艦への改造も、条約内での新たな主力艦の建造が優先され予算取りもままならず、この制約の中で完成した正規敷設艦は四四〇〇トン型敷設艦「沖島」一隻だけであった。本艦は昭和十一年（一九三六年）にやっと完成している。

その直後の日本のロンドン海軍軍縮条約からの脱退により艦艇に関するすべての制約が解かれたが、敷設

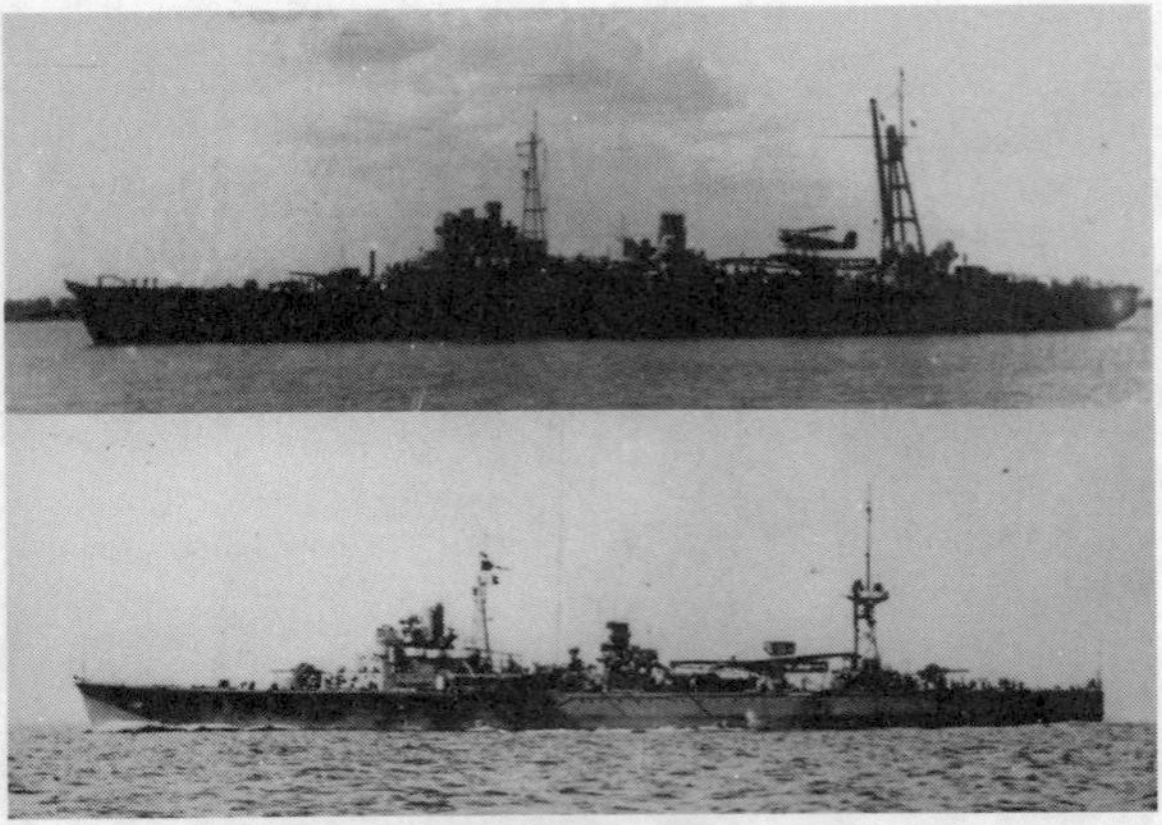

（上）沖島、（下）津軽

艦の建造は棚上げされたままになっていた。しかし昭和十四年に至り「沖島」の準同型艦である「津軽」（二代）が建造され、昭和十六年に完成した。

　この結果、太平洋戦争勃発時点における日本海軍の正規敷設艦は、「勝力」「常磐」「厳島」「八重山」「沖島」「津軽」の六隻の戦力となった。なおこれら正規敷設艦とは別に前に建造された「白鷹」と同型の機雷敷設兼用の急設網艇三隻（「初鷹」「蒼鷹」および「若鷹」）が昭和十四年と十六年に建造されている。

　正規敷設艦は太平洋戦争開戦時には一応の充足は見られたが、戦争勃発直後からの機雷敷設量の絶対的な増大から、戦争の勃発と相前後して徴用商船を機雷敷設艦とした七隻の特設敷設艦が準備された。しかしその後の正規敷設艦や特設敷設艦の消耗から敷設艦の絶対的な不足が発生し、その

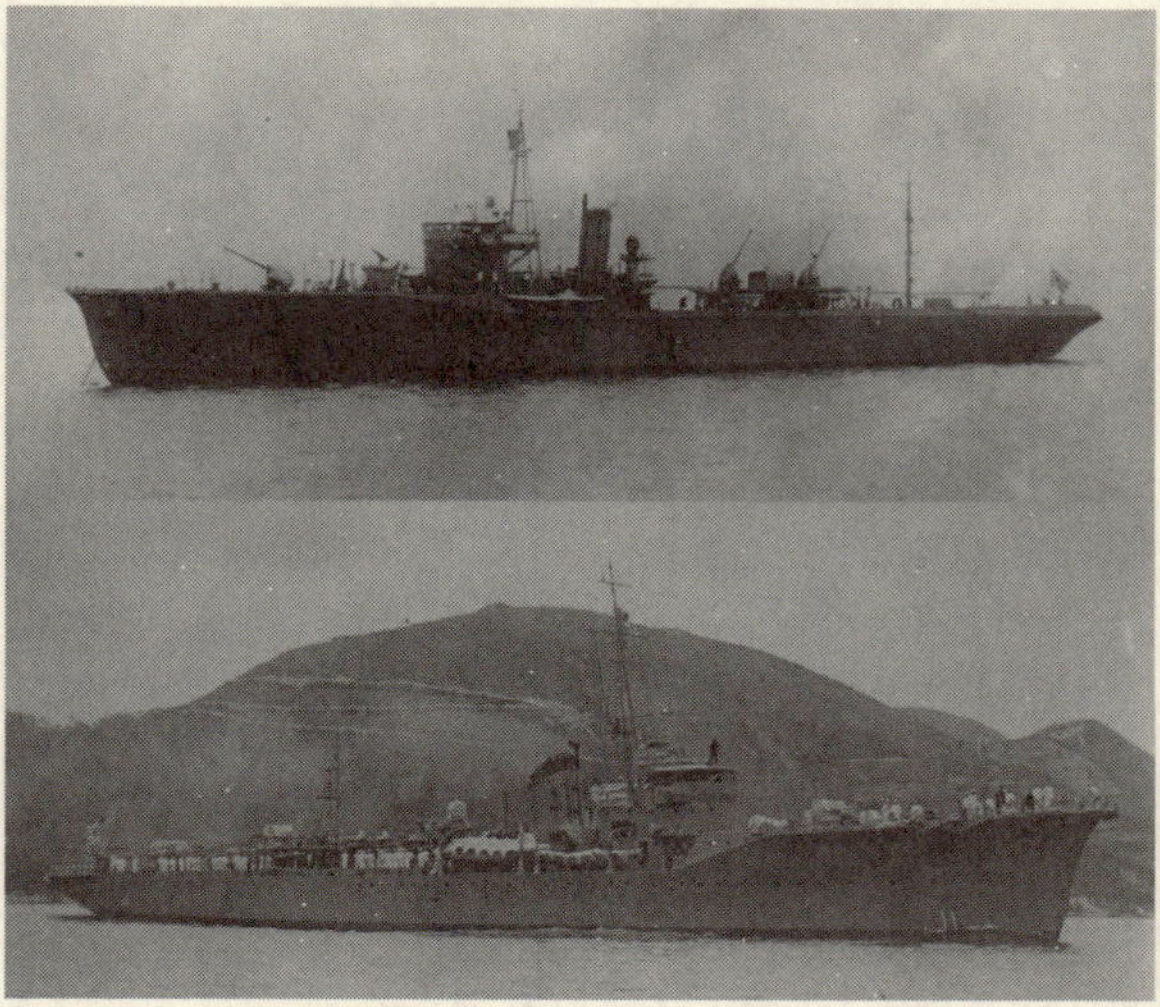

(上)白鷹、(下)初鷹

解消に戦争末期に至り急遽、戦時急造型の中型貨物船を敷設艦（箕面）に改造した。しかし完成時点で終戦を迎え、本艦の敷設行動は未完に終わっている。

太平洋戦争勃発直前から日本海軍は七隻の六〇〇〇～七〇〇〇総トン級の貨物船を徴用し、特設の機雷敷設艦に改造した。これら七隻はいずれも最高速力一六ノット以上の高速力を持つ、船齢七年以内の優秀貨物船であった。これら貨物船は船尾船倉を機雷庫に改装し、後甲板の両舷に船尾に向けて機雷移動および投下用の軌条を配置し機雷敷設艦としたものであった。

この貨物船改造の特設敷設艦は本来が貨物船であり、大容量の船倉を機雷庫および機雷調整室として使えるために、搭

（上）箕面、（下）夏島

載する機雷の数は四〇〇〇トン級の敷設艦「沖島」や「津軽」よりも多く、最大七〇〇個の搭載が可能であった。これら特設敷設艦は太平洋戦争勃発時点では正規敷設艦と敷設戦隊を編成し、前進基地周辺海域への機雷敷設や機雷堰のための大量の機雷の敷設などに運用された。他に別途二隻の特設敷設艦が準備されたが、終戦時には改装工事が未了で戦闘には参加していない。

日本海軍は正規の敷設艦や急設網艇および特設敷設艦の他に、要港部周辺海域や前進基地である根拠地周辺の海域など、沿海への防御用の機雷の敷設を行なう機雷敷設艇を建造している。この小型の敷設艇の第一号は昭和四年（一九二九年）に完成している。

本艇は基準排水量四五〇トンと小型で、第一号の「燕」型に続き終戦の時までに「夏島」型、「測天」型、「神島」型など合計二三隻が完成しており、日本周辺の沿海への機雷敷設に使われた。本艇の機雷の搭載量は一〇〇～一二〇個で、それ以外に小面積で簡易式の防潜網（潜水艦捕獲網）も搭載し、その敷設も行なった。

なお戦争の進展とともにこの小型敷設艇も絶対的に不足し、海軍は総トン数七〇〇トン以下の小型貨物船を徴用し、特設敷設艇として運用したが、その数は六隻であった。

太平洋戦争中の日本海軍の敷設艦の運用については、当該艦が持つ多機能性から本来の敷設艦として運用する以外に他の作戦用途で多用される場合があった。

敷設艦は大量の機雷を収容する大容量の格納庫が設けられていた。また機雷の取り扱い作業を行なうことから上甲板上は平坦で広く、さらに大型の「沖島」や「津軽」では水上偵察機（一機）が搭載されているために、これを取り扱うための大型クレーンも装備されていた。

こうした構造や装備は敵地への攻略作戦に際しては、重量戦闘兵器・物資を運搬するためには格好の輸送艦として転用できることになる。このために「厳島」「八重山」「沖島」「津軽」の各敷設艦は南方攻略作戦には、敷設艦としてではなく輸送艦として使われることが多く、さらにソロモン作戦やその後の作戦においても高速輸送艦としての任務に重宝され、本来の機雷敷設任務は特設敷設艦や特設砲艦あるいは敷設艇が行なうことが多くなっていた。

これは正規の敷設艦としてはまったく不本意な任務に使われたことになるが、結果的には多忙を極めた輸送任務に敷設艦は多大な貢献をすることになったのである。それだけに正規敷設艦は酷使され、昭和十七年から終戦までの作戦行動中に敵潜水艦の雷撃などですべて失われることになった。

敷設艦の構造と装備

敷設艦に必要とされる装備は、大量の機雷(三〇〇～六〇〇個)を収容するための格納庫と機雷を連続投下するための装置、そして敵地海域への機雷の強行敷設に際し必要な防御のための砲戦力である。これらの条件を満たす敷設艦の規模は基準排水量で二〇〇〇～五〇〇〇トンとされるが、速力は著しい高速力は必要とせず二〇ノット程度で十分と判断されていた。但し強行敷設を行なう可能性が高いことから、船体には理想的には軽巡洋艦並みの防御力は求められるのである。

船体の形状は大量の機雷の取り扱いに適するように、艦首から艦尾まで全通の平甲板構造が理想的とされている。ただ日本海軍の正規敷設艦は、建造された時々の同艦種に要求される条件が異なっていたために、すべてが平甲板構造になっているわけではない。日本型敷設艦は昭和九年に起工された「沖島」において、初めて最終的な日本型の艦型が確立されたと判断してもよさそうである。

日本海軍の敷設艦を語るときには、「沖島」とその後に建造された準姉妹艦の「津軽」を、真に確立された日本型敷設艦として紹介するのが正しいようである。この両艦はいずれも基準排水量四〇〇〇トン規模で、二軸推進の蒸気タービン機関が装備され、最高速力は二〇ノットとなっていた。この両艦は敷設艦として十分な機能を備えていた。

本艦は最大六〇〇個の機雷を搭載したが、これは全長五〇〜六〇キロメートルの機雷原を敷設することが可能な量で、艦内の機雷庫で調整を終えた機雷は艦中央部に設けられた四ヵ所の取出口から甲板上の揚収器により甲板上に搬出され、艦の両舷側に沿って艦尾まで伸びる軌条により艦尾の投下位置まで運ばれるようになっていた。また艦内の機雷庫からも第二甲板の両舷に沿って艦尾まで軌条が設置されており、艦内の艦尾付近で軌条は四条に分岐され、トランサム構造（平面形状）の艦尾に配置された投下口から機雷は投下されるようになっている。これにより艦尾甲板上の二条と合わせ合計六条の軌条から、連続して六個の機雷を連続して投下することが可能になっており、効率的な機雷敷設を可能にしていた。

第９図　敷設艦からの機雷の投下状況

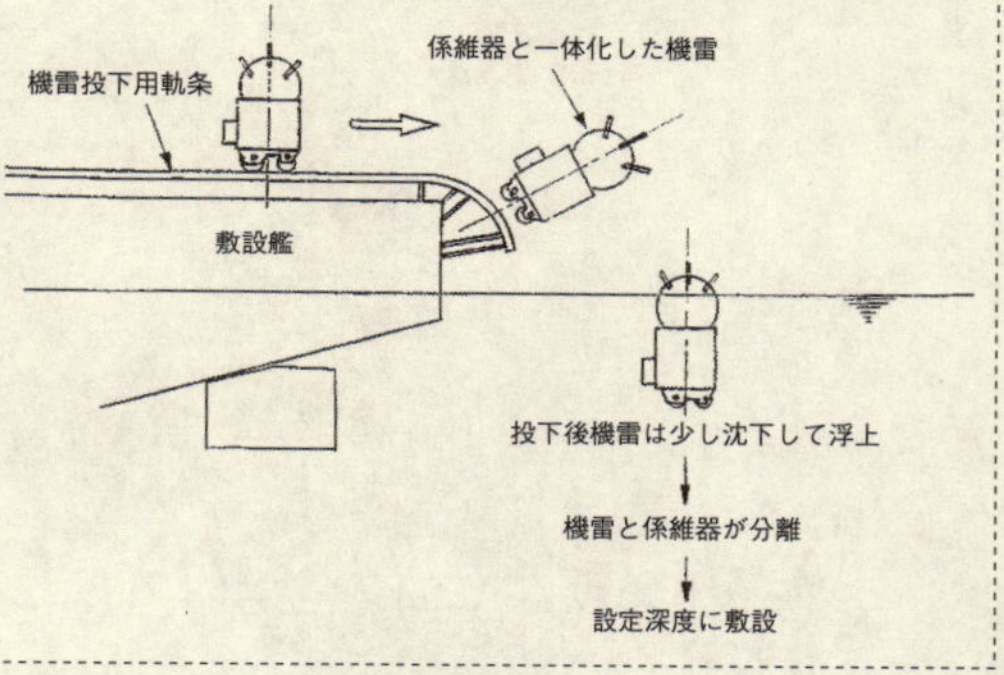

日本海軍の七隻の正規敷設艦は、いずれも艦尾から一度に四個以上の複数の機雷の投下が可能なように、あるいは連続して多数の機雷の投下が可能なような工

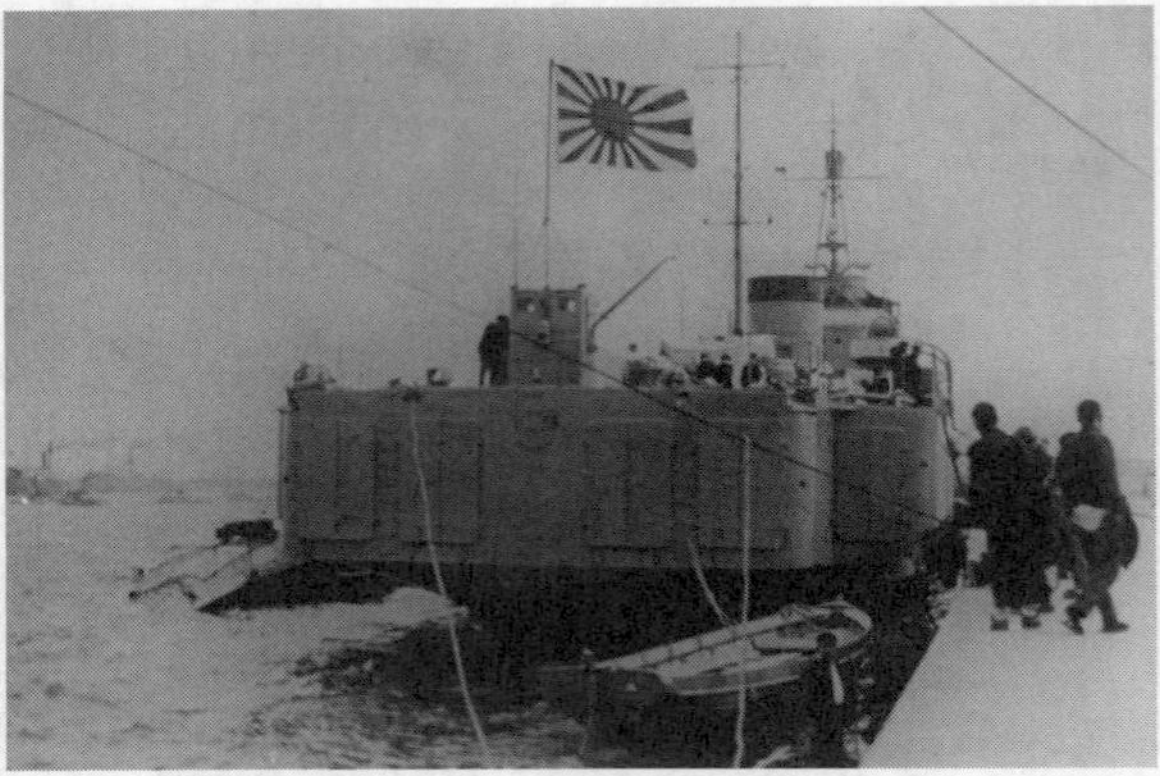

厳島の艦尾

夫が施されていたが、「厳島」では艦尾上甲板から四個、艦尾第二甲板から六個、一度に合計一〇個（あるいは連続して一〇個）の機雷の投下が可能になっていた。

敷設艦には敵地への強行敷設を展開する際に必要となる可能性があるために、一二センチまたは一四センチ砲が搭載されていた。正規敷設艦として二隻目の「常磐」は元巡洋艦であったために、搭載されていた砲の一部が残され、二〇センチ連装砲一基と一五センチ単装砲八門を装備していたが、これは例外的で、完成型の「沖島」では軽巡洋艦並みに一四センチ連装砲二基が搭載された。しかし準姉妹艦の「津軽」では対空戦闘への備えから大口径砲は廃し、速射性と対空戦力を考慮して、砲戦力は一二・七センチ連装高角砲二基に換装されている。

「沖島」型二隻で特徴的なことは、水上偵察機一基を搭載するために、カタパルトおよび機体の揚収に

第10図　敷設艦の艦尾構造

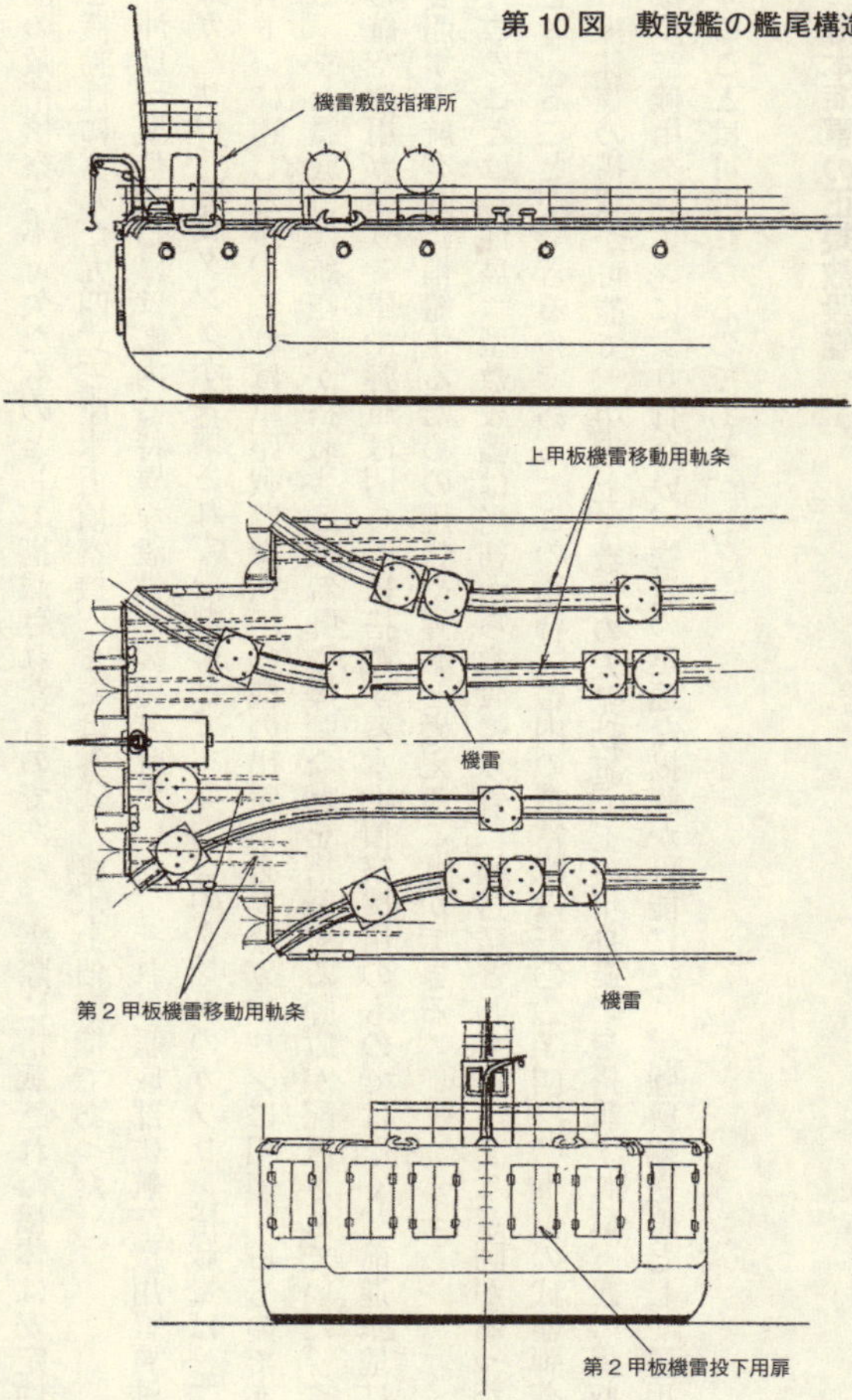

使われる大型クレーンが装備されたことである。水上偵察機は敵地への強行敷設に際し、事前の敵情偵察に不可欠なものとして搭載されたものである。実際に搭載された機体は安定性と機動性に富んだ九四式三座水上偵察機、または零式三座水上偵察機であった。

「沖島」型敷設艦には艦内に特異な設備が装備されていた。それは艦底部に航空機用軽質油（ガソリン）貯蔵タンクが装備されていたことである。このタンクのガソリン搭載量は一二五トンに達したが、これは単座戦闘機六〇〇機の出撃に必要なガソリンに相当するものである。また艦底には航空機が搭載する機銃弾や爆弾などを搭載する弾庫が配置されていた。この航空機用ガソリン庫や弾庫は明らかに搭載する水上偵察機用のものではなく、前進基地に展開する航空隊に補給するための燃料や弾薬と考えることができる。

このことは「沖島」型敷設艦は当初から敷設艦以外に輸送艦として運用する意図があったと考えることができるのである。この場合、艦内の機雷庫は三〇〇～四〇〇トンの武器弾薬や糧秣等の搭載が可能で、甲板上に数隻の大発動艇（上陸用舟艇）を搭載すれば、艇の揚収は航空機用クレーンにより行ない、物資の迅速な揚陸が可能になり、強襲輸送艦として運用することは可能になるのである。

日本海軍の正規敷設艦

日本海軍は大正五年（一九一六年）に起工した「勝力」を第一艦として、合計六隻の正規敷設艦を建造し、一隻を既存艦の改造で正規敷設艦とした。そして昭和二年（一九二七年）建造の「白鷹」を第一艇とする四隻の正規の急設網艇（機雷敷設兼用）を建造した。次にこれら正規機雷敷設艦および機雷敷設艇について、その特徴や構造・装備等を解説する。

敷設艦「勝力」

第一次世界大戦が勃発した当時、日本海軍が保有する「機雷敷設装置を装備する航洋型軍艦」は、巡洋艦の「高千穂」一隻だけであった。しかし本艦は正しくは機雷敷設装置を持った巡洋艦であり機雷敷設艦ではない。本艦はその後、第一次大戦勃発当初の大正三年（一九一四年）十月に、膠州湾外で青島駐留のドイツ海軍の艦艇の雷撃で撃沈された。

海軍は「高千穂」の代艦として大正六年（一九一七年）に、新たに設けられた海軍艦船令で定められた特務艦の中の敷設船の適用を受け、航洋型の機雷敷設船（軍艦扱いではない）一隻を建造した。本船は船名を「勝力丸」としたが、大正九年の艦船令の改正により敷設船から敷設艦に呼称が改定されることになった。これにより勝力丸は船から軍艦に昇格しその艦名も「勝力」となったのであった。つまり「勝力」は日本海軍最初の正規の機雷敷設艦なのである。

敷設艦「勝力」の基本要目は次のとおりである。

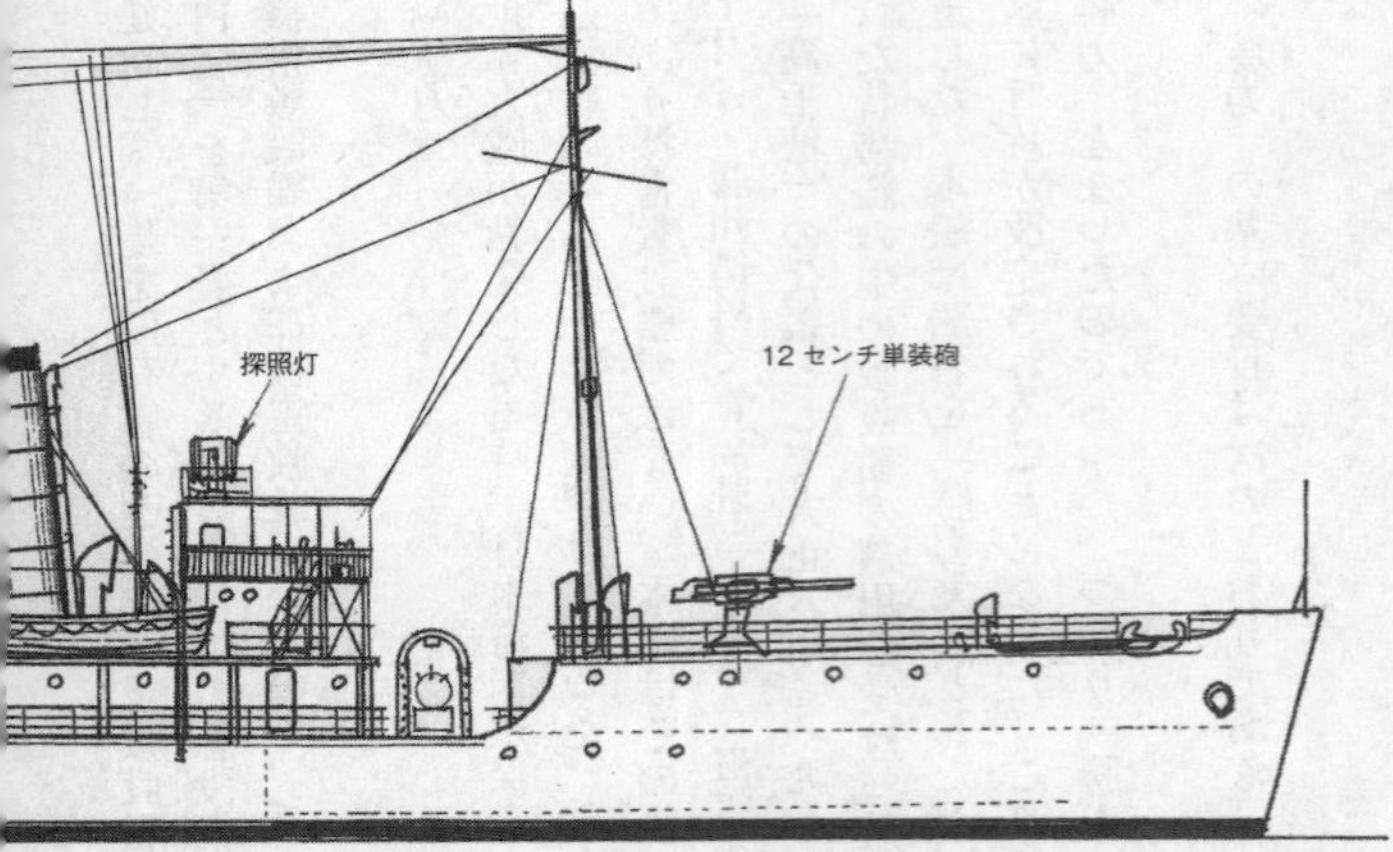
探照灯
12センチ単装砲

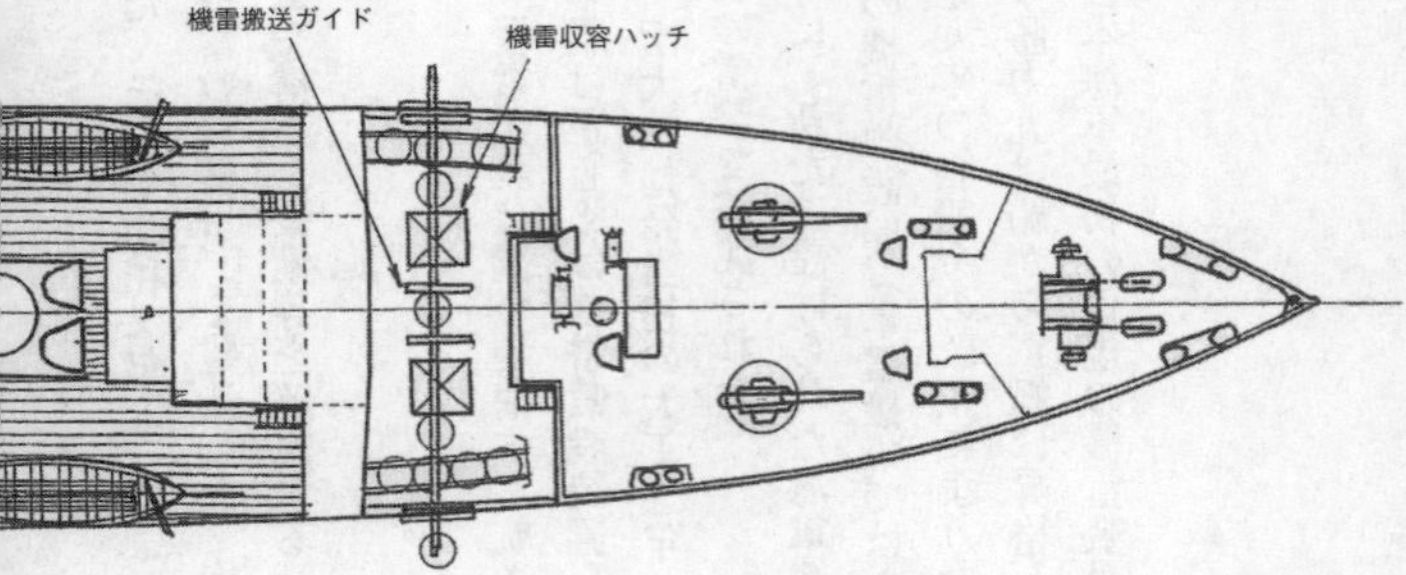
機雷搬送ガイド
機雷収容ハッチ

第11図　敷設艦勝力

基準排水量　1540トン
全　　　長　73.2m
全　　　幅　11.9m
主　機　関　3衝程レシプロ機関2基
最 大 出 力　1800馬力（合計）
最 高 速 力　13.0ノット
搭載機雷数　100個

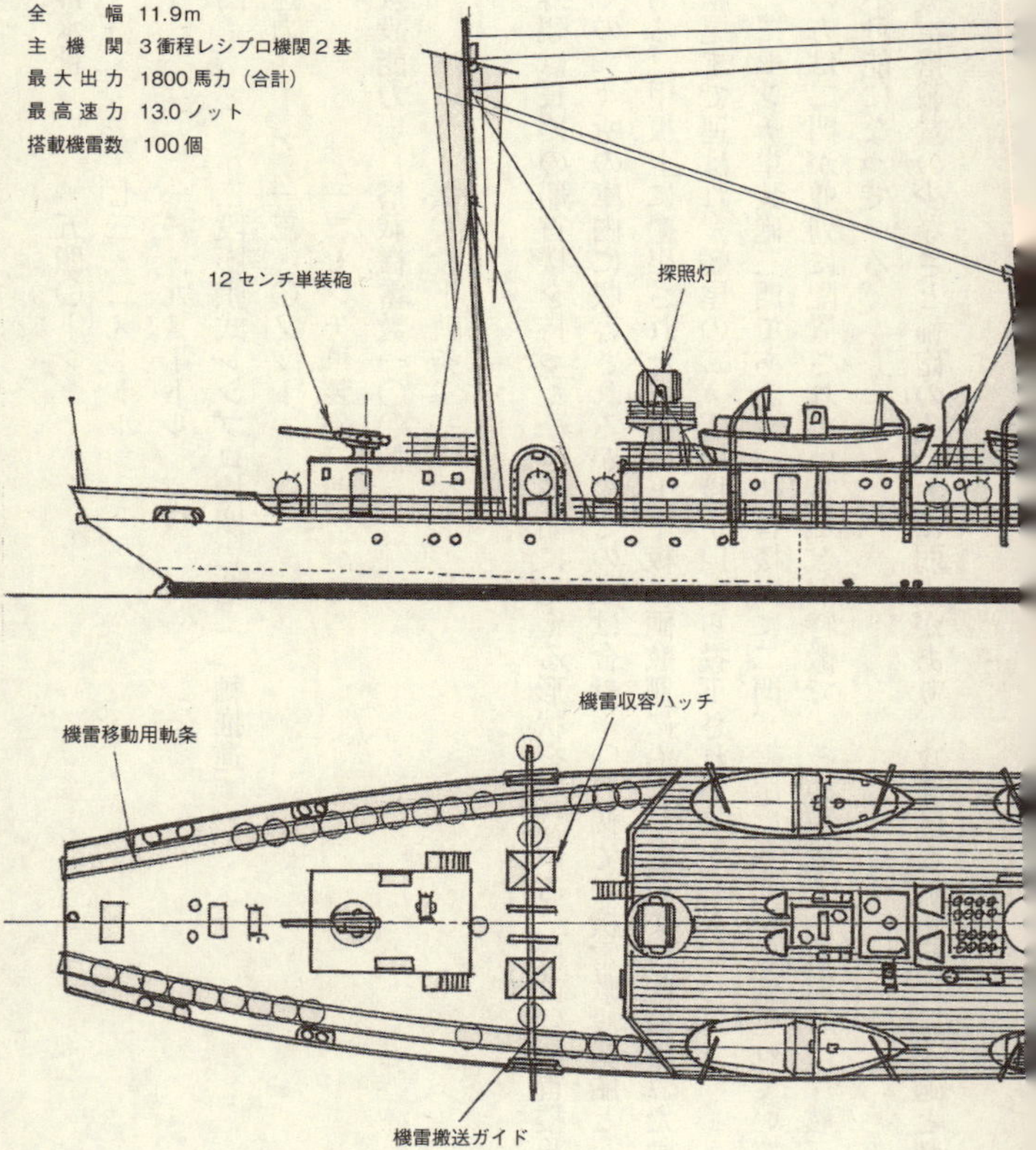

基準排水量　一五四〇トン
全長　七三・二メートル
全幅　一一・九メートル
主機関　三段膨張式レシプロ機関二基（二軸推進）
最高速力　一三・〇ノット
武装　一二センチ単装砲三門
機雷敷設能力　搭載機雷数一〇〇個
　機雷投下軌条二基

本艦の外観は長めの船首楼を持った一見商船に見える形状をしている。機雷は船首楼後方と艦尾近くの二ヵ所の庫内に収容されるが、その数は合計一〇〇個で、機雷敷設艦船としては少数である。甲板上に搬出された機雷は上甲板の両舷側に沿って艦尾まで配置された軌条を使って艦尾まで運ばれ、艦尾の二ヵ所の投下口から投下される。

備砲は一二センチ単装砲三門であるが、船首楼上に二門、艦尾に一門が装備されていて、船首楼上の方は二門が並列に配置されていることが特徴で、その配置上から同時に片舷三門の射撃は不可能になっている。

本艦は機雷搭載量の少なさと備砲の砲戦力に弱点があり、攻撃的な機雷戦には不適と判断され、昭和十七年に特務艦（測量艦）に用途が変更されている。

敷設艦「常磐」

本艦の本来の姿は日露戦争勃発前の明治三十二年（一八九九年）に、イギリスのアームストロング社で建造された日本海軍の装甲巡洋艦「常磐」である。その後大正十二年（一九二三年）に敷設艦に艦種変更されることになり必要な改造工事が施され、日本海軍で二番目の正規敷設艦となった。

その改造は艦尾に搭載されていた二〇センチ連装砲塔を撤去し、砲塔直下の既存の弾火薬庫を含め大容量の機雷庫が設けられ、最大五〇〇個の機雷の搭載が可能であった。

機雷の投下は艦尾甲板下の第二甲板内に艦尾に向けて数条の機雷運搬軌条が設けられ、艦尾に設けられた機雷投下口から投下されるようになっていた。

本艦は太平洋戦争勃発当時はすでに艦齢四二年という老朽艦であったが、戦争の全期間を内南洋や本土周辺の機雷敷設に活躍した異色の敷設艦であった。

本艦の本来の武装は、艦首と艦尾甲板にそれぞれ二〇センチ連装砲塔一基を搭載し、両舷の舷側には一五センチ単装砲各八門を搭載していたが、改造に際しこれらの砲の中の艦尾二〇センチ連装砲一基と、両舷の一五センチ単装砲各四門を撤去している。この強武装の敷設艦の誕生は、任務の中に海防艦（昭和十七年以前の海防艦構想）としての機能も持たせたと

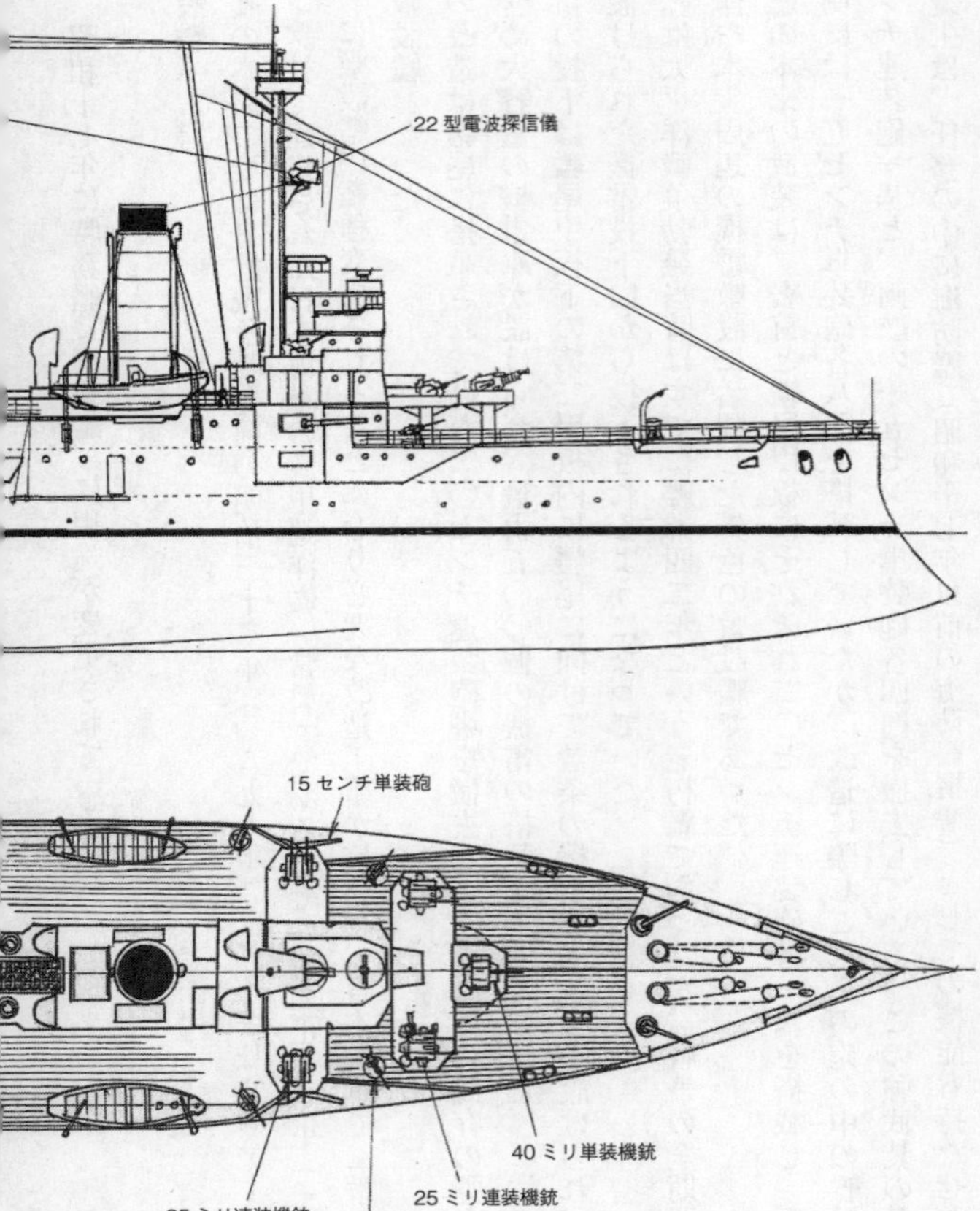
22型電波探信儀
15センチ単装砲
40ミリ単装機銃
25ミリ連装機銃
25ミリ連装機銃

第12図　敷設艦常磐

基準排水量	9264トン
全　　長	134.4m
全　　幅	22.5m
主 機 関	3衝程レシプロ機関2基
最大出力	36496馬力（合計）
最高速力	21.0ノット
搭載機雷数	500個

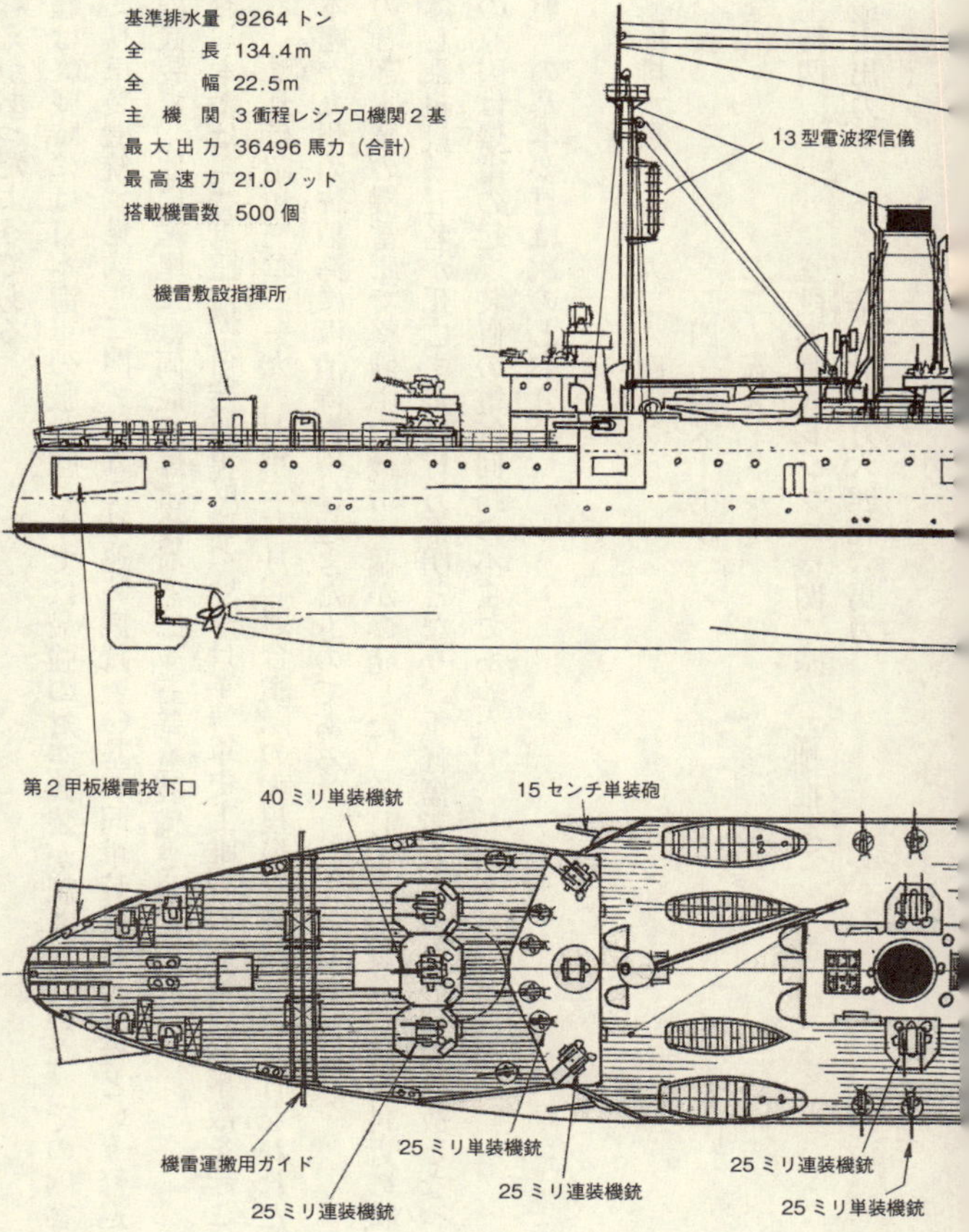

いう考えがあったようである。

本艦は終戦時には日本海軍の敷設艦の中では最強の対空武装が施されていた。その内容は四〇ミリ単装機銃（毘式）二門、二五ミリ連装機銃一〇基、同単装機銃一五梃という軽巡洋艦級の武装で、他に艦尾には両舷式爆雷投射器二～三基も装備されていた。

なお、本艦は「『常磐』機雷爆発事故」という日本海軍史上唯一の機雷爆発事故を起こしている。これは昭和二年（一九二七年）七月、連合艦隊の大規模な戦技演習が行なわれた際に、本艦が九州の佐伯湾に仮泊待機中に起きたものである。

このとき本艦の機雷庫で整備中の機雷一個が爆発した。そしてこの爆発により付近の機雷が誘爆し乗組員三五名が死亡または行方不明となり、重軽傷者六八名という大事故となった。爆発の原因は爆雷の起爆装置の電気回路の不良であった。

「常磐」の基本要目は次のとおり。

基準排水量	九二六四トン
全長	一三四・四メートル
全幅	二一・五メートル
主機関	三段膨張式レシプロ機関二基（二軸推進）
最大出力	二基合計三万六四九六馬力

最高速力　　二一・〇ノット
基本武装　　二〇センチ連装砲塔一基、一五センチ単装砲八門
　　　　　　八センチ単装高角砲一門
機雷敷設能力　搭載機雷五〇〇個
　　　　　　　機雷投下軌条四基

敷設艦「厳島」

本艦は日本海軍が当初より敷設艦として初めて建造した艦である。海軍艦政本部は本艦に巡洋艦並みの砲戦力を持たせ、強襲型の機雷敷設艦として完成させる計画であった。しかし設計開始の段階で予算上の制約を受け、一回り小型の敷設艦として完成せざるを得なかったのである。

但し小型艦でありながら敵駆逐艦の撃退が可能な戦力として、一四センチ砲の搭載を強行したのであった。本艦の完成は昭和四年で、最初の正規敷設艦である非力な「勝力」の代替艦として完成させたとみられる。

日本海軍は本艦の設計に際し、初めて本格的な敷設艦に接することになったといえる。本艦では機雷の取り扱いを容易にするために、初めて艦首から艦尾まで全通の平甲板が採用された。そして艦橋付近から艦尾に至る艦内の大容積を機雷庫が占める構造になっており、こ

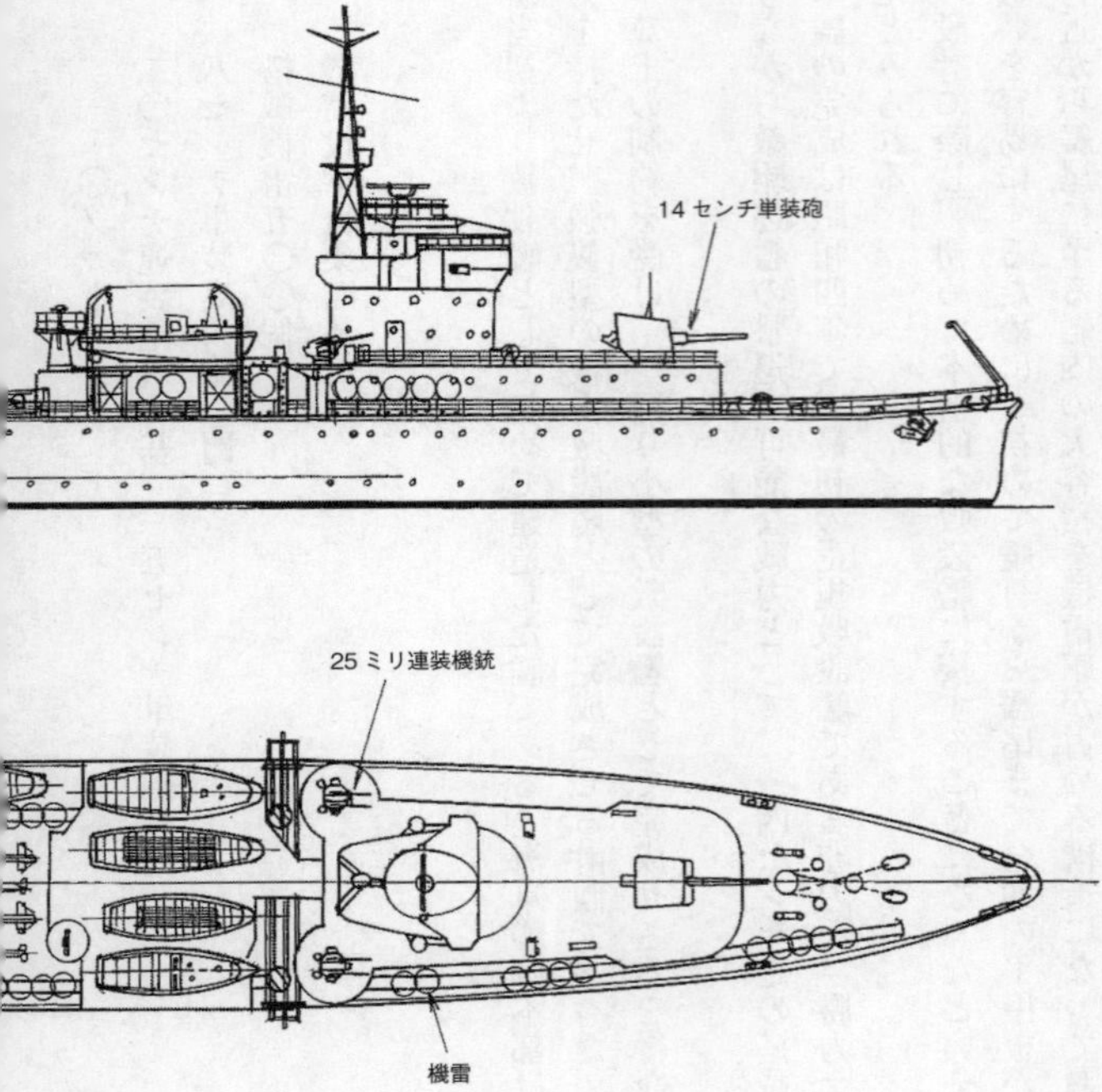
14センチ単装砲
25ミリ連装機銃
機雷

第13図　敷設艦厳島

基準排水量　1970トン
全　　長　107.5m
全　　幅　12.8m
主 機 関　ラ式1号ディーゼル機関3基
最大出力　3000馬力（合計）
最高速力　17.0ノット
搭載機雷数　500個

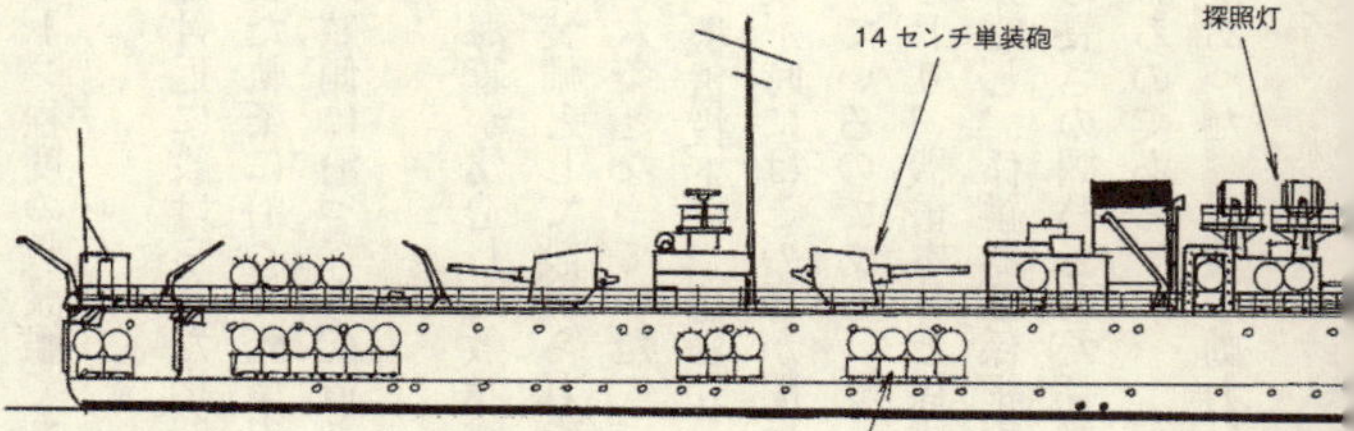

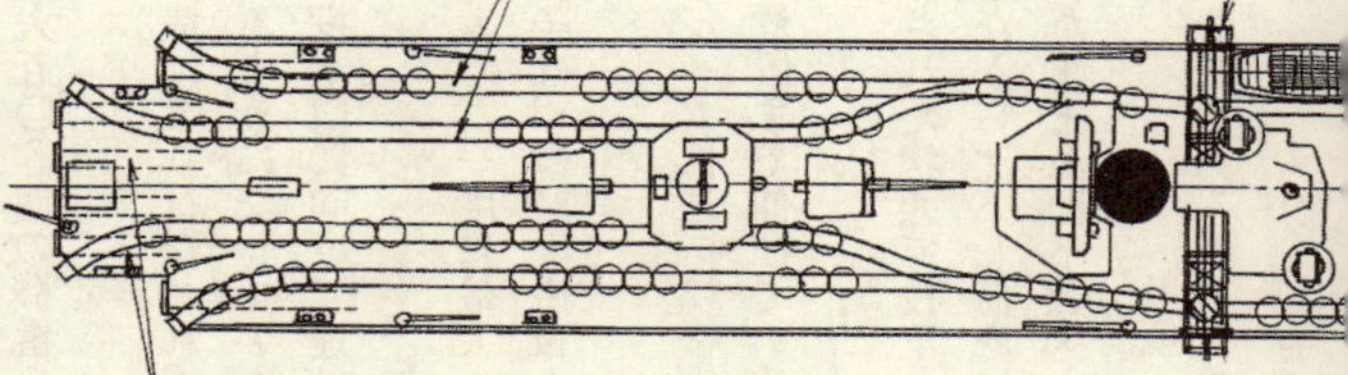

れにより基準排水量二〇〇〇トン程度の敷設艦でありながら最大五〇〇個の機雷を搭載できた。

機雷は艦橋後方と艦中央部付近に設けられた揚収口から昇降機により行なわれ、両舷側に沿って艦尾に向けて配置された軌条に沿って艦尾方向に移動するようになっていた。また機雷は上甲板下の第二甲板の両舷側に沿っても配置され、艦尾の投下口に向けて運ばれるようになっていた。

本艦の機雷投下能力は日本海軍が建造した敷設艦の中では最大で、一度に最大一〇個の機雷投下が可能であった。その装備として設けられた機雷投下軌条は、艦尾上甲板上に四条、上甲板下の第二甲板の艦尾に六条となっていた。

なお第二甲板の艦尾からの機雷投下は、直線状の艦尾（トランサム構造）に機雷投下用の扉が設けられており、機雷投下時にはこの扉が開けられ、その位置まで伸びている軌条から機雷が投下されるようになっているのである。

機雷投下の際には前述のとおり、機雷本体と係維器が一体化された状態で投下され、海面に落下すると同時に二つは分離し、係維器は係維索を繰り出しながら沈下し海底に鎮座する。そして機雷本体はあらかじめ長さの調整された係維索に繋がれたまま海面下数メートルの位置に浮遊するようになっているのである。

「厳島」はその動力に特徴があった。本艦の動力はディーゼル機関であるが、日本海軍でディーゼル機関を主機関とした艦艇は、小型給油艦「剣埼」(初代)が初めてであり、本艦は二隻目であった。ディーゼル機関を主機関とする艦艇は、一九二九年当時の世界の海軍の中でも珍しい存在であった。

そして「厳島」のディーゼル主機関にはさらなる特徴があった。本艦は主機関のディーゼル機関を三基搭載し三軸推進であった。三軸推進の艦艇は日本海軍艦艇の中でも稀有の存在であったが、両舷に二基のディーゼル機関はドイツ製で、中央の一基は日本製であった。しかもドイツ製の二基とは、第一次大戦で日本がドイツから賠償艦として取得した二隻の潜水艦のディーゼル機関を転用したものであった。なお機関出力はいずれも一〇〇〇馬力で、本艦は最大出力三〇〇〇馬力で一七ノットの最高速力を出した。

本艦は開戦当初からしばらくはインドネシアやビルマ沿岸海域、ニューギニア北岸海域やソロモン諸島海域、さらに内南洋方面の拠点基地周辺海域での機雷敷設を展開していたが、その後は前線拠点基地に対する、大容量の機雷庫を活用しての高速輸送任が主な任務となった。

「厳島」の基本要目は次のとおりである。

基準排水量　一九七〇トン
全長　一〇七・五メートル

全幅　一二・八メートル
主機関　ディーゼル機関三基（三軸推進）
最大出力　合計出力三〇〇〇馬力
最高速力　一七・〇ノット
武装　一四センチ単装砲三門
（昭和十九年当時、二五ミリおよび一三ミリ連装機銃五基を増備）
機雷敷設能力　搭載機雷数五〇〇個
機雷投下軌条一〇基

敷設艦「八重山」

本艦の基本構造は機雷敷設艦であるが、対潜哨戒および平時における各種訓練用の艦として設計された複合敷設艦である。建造割り当て予算が少ない中で設計された一種の多用途艦と見ることができ、その主体用途が敷設艦とみなすことができる艦である。建造予算が少なかったために敷設艦としては日本海軍の正規敷設艦の中では最小の規模である。

本艦はその用途上基本的には敷設艦には似つかわしくない形状をしている。船体は敷設艦として理想的な平甲板式ではなく、比較的長い船首楼を持った駆逐艦タイプの艦型となっている。

「八重山」の基準排水量は一一〇〇トンと小型で、機雷搭載量も正規の敷設艦としては最小の一八五個である。しかもその搭載方法に特徴があった。他の敷設艦のように船体内に大容量の機雷庫を設けることができないために、機雷庫は三分割されており、船体前方の缶室前方に一ヵ所（三五個収容）、後部甲板下に一ヵ所（五〇個収容）、残り一〇〇個は実戦に際して、上甲板上の両舷に沿って艦尾まで配置された機雷移動用軌条の上に搭載する方式となっていた。

なお機雷投下用の軌条は艦尾甲板で四条に分岐され、一度に四個の機雷の投下を可能にしていた。

本艦は昭和七年（一九三二年）の完成であるが、建造に際しては広範囲に電気溶接が採用された日本海軍最初の艦として知られている。しかしこの頃の電気溶接技術はまだ成熟していたとはいえず、完成後は施工不良に不具合個所が多数発生し、昭和十三年に大規模改修工事が行なわれた。その内容は強度不良個所の外板を二重構造にすることや、一部の個所の既存のリベット仕上げ工法への変更などであった。

本艦は太平洋戦争勃発直後の約一年間は前進基地での周辺海域への機雷敷設に専念していた。しかしその後は船団護衛用の護衛艦としての任務につくことが多く、対空火器の増設や爆雷投射器の搭載、さらに水中聴音器や水中探信儀を装備するなど、完全に護衛艦に変身している。

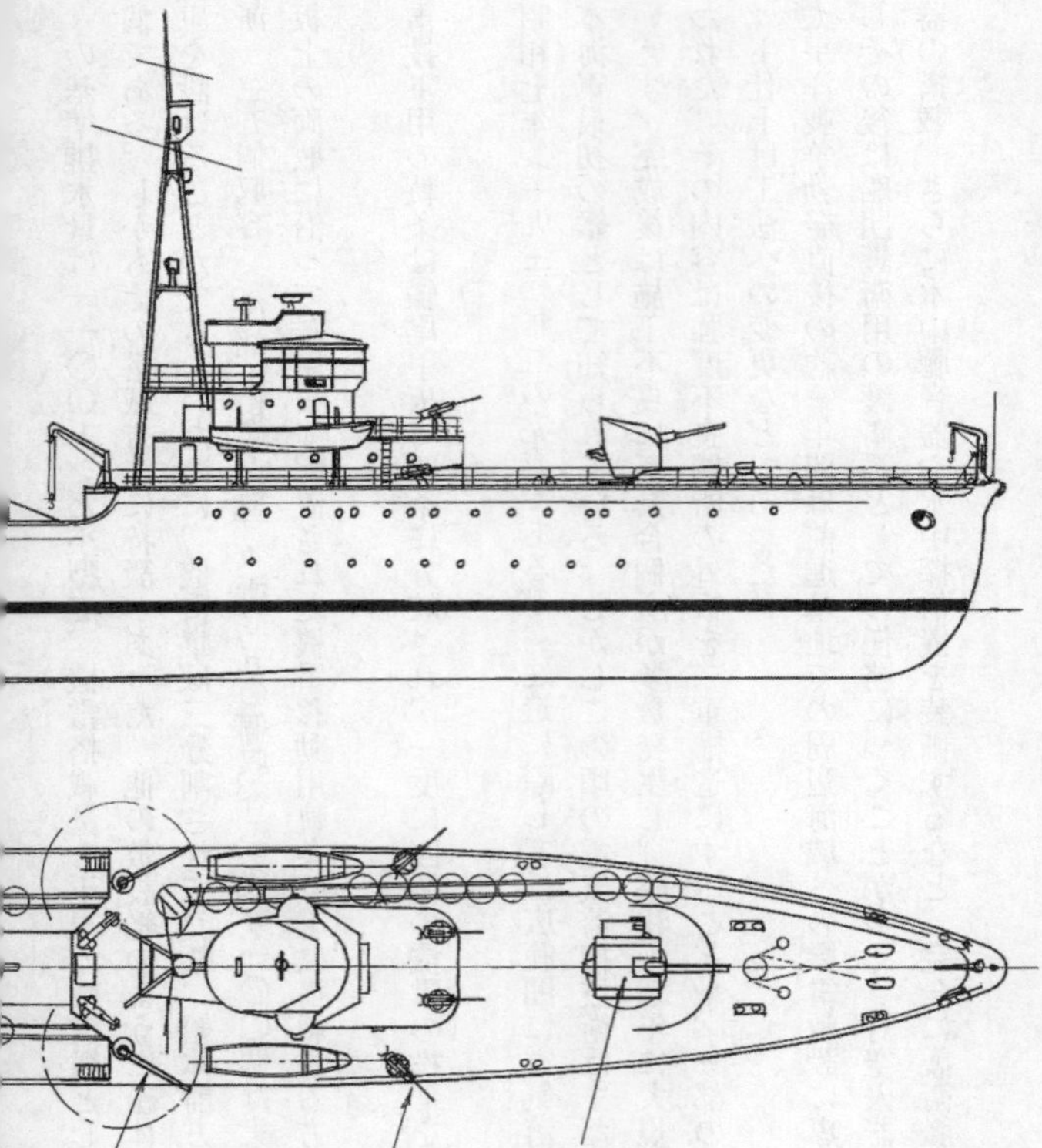
12センチ単装砲
機雷揚収用ダビット
25ミリ単装機銃

第14図　敷設艦八重山

基準排水量	1135トン
全　　長	93.5m
全　　幅	10.7m
主 機 関	ロ号艦本式タービン機関2基
最大出力	4800馬力（合計）
最高速力	20.0ノット
搭載機雷数	185個

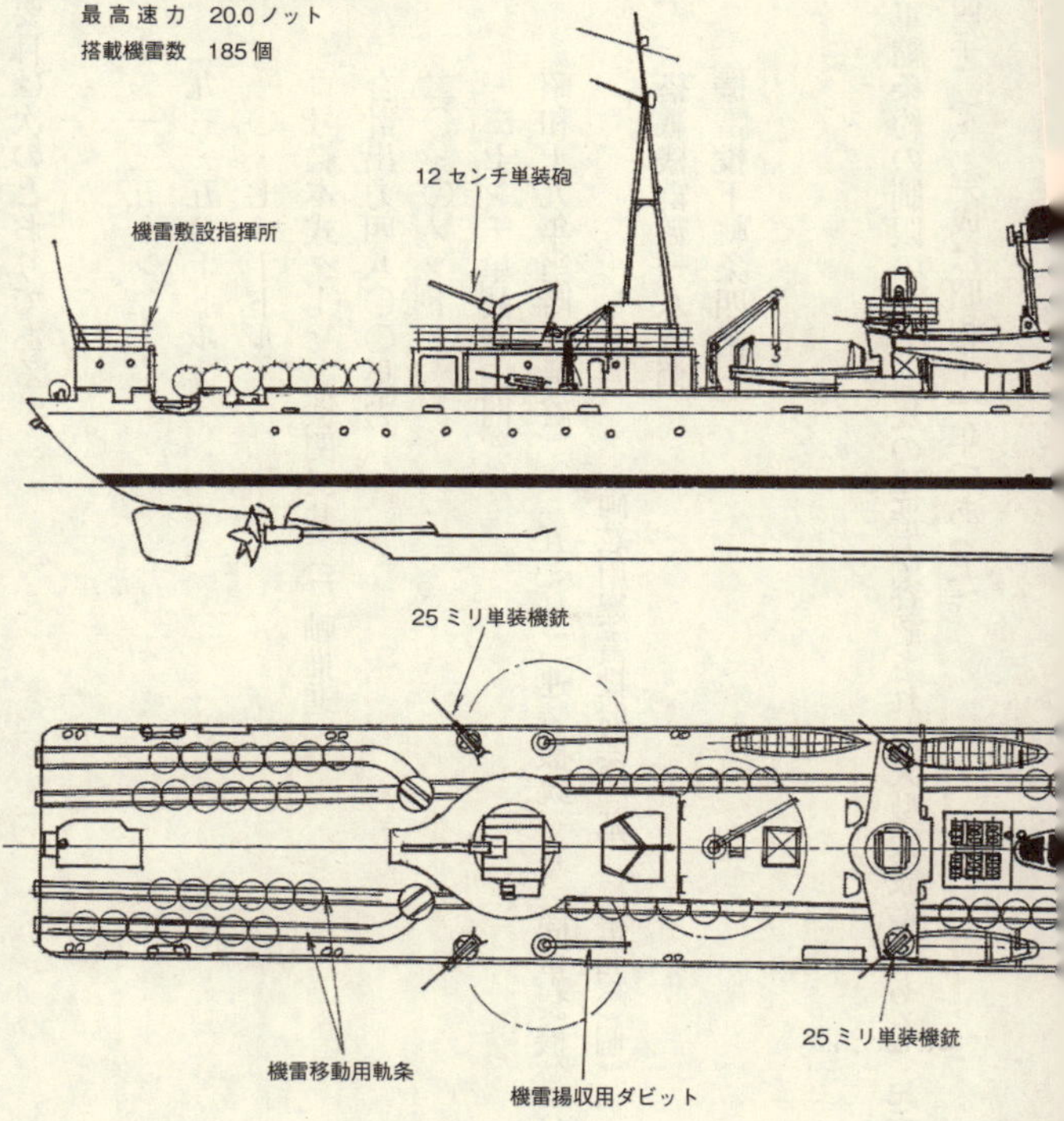

「八重山」の基本要目は次のとおりである。

基準排水量　一一三五トン
全長　九三・五メートル
全幅　一〇・七メートル
主機関　ロ号艦本式タービン機関二基（二軸推進）
最大出力　合計出力四八〇〇馬力
最高速力　二〇・〇ノット
武装　一二センチ単装砲二門、
昭和十九年当時（最終）二五ミリ三連装機銃一基、同単装機銃六梃
両舷用爆雷投射器四基（爆雷四〇個）
機雷敷設能力　搭載機雷数一八五個
機雷投下軌条四基

敷設艦「沖島」

本艦はロンドン軍縮条約の制限の中で一隻の建造が容認された大型敷設艦である。起工は昭和九年（一九三四年）で、完成は昭和十一年であった。

本艦は最終的には基準排水量四〇〇〇トンの艦として完成したが、日本海軍の正規新造敷設艦としては最大の艦となった。

本艦には計画当初より軽巡洋艦並みの砲戦能力を持たせようとする海軍の意向があり、当初は一五・四センチ（六インチ）連装砲塔二基の搭載が予定されていた。しかし後に艦の小型化により主砲は一四センチ連装砲塔二基に変更されている。なお本艦には敷設艦としてははじめて水上偵察機一機が搭載されることになり、カタパルトと飛行機揚収用のデリックが装備された。

本艦のような重装備の敷設艦としては、イギリス海軍が一九三八年以降六隻を建造したアブディール級敷設巡洋艦がある。この艦は平甲板型で基準排水量二六五〇トン、一二・七センチ連装砲塔三基を装備し、機雷一五六個を搭載して最高速力三六ノットの性能を持つが、敷設艦よりは巡洋艦に近い艦として完成し、後には日本海軍の敷設艦のように機雷庫を船倉として使い、高速輸送艦としてあつかわれることが多かった。

「沖島」は当初の予定では基準排水量五〇〇〇トンの軽巡洋艦並みの大型艦として設計された。しかし建造予算の削減からやや小型の艦として改設計されることになり、最終的には基準排水量四〇〇〇トンに決定された。

本艦は四〇〇〇トン級とはいえ速力を除けば軽巡洋艦規模の大型艦となった。船体は敷設艦としては理想的な平甲板型となり、上甲板前部には大型の艦橋構造物が配置され、艦橋上

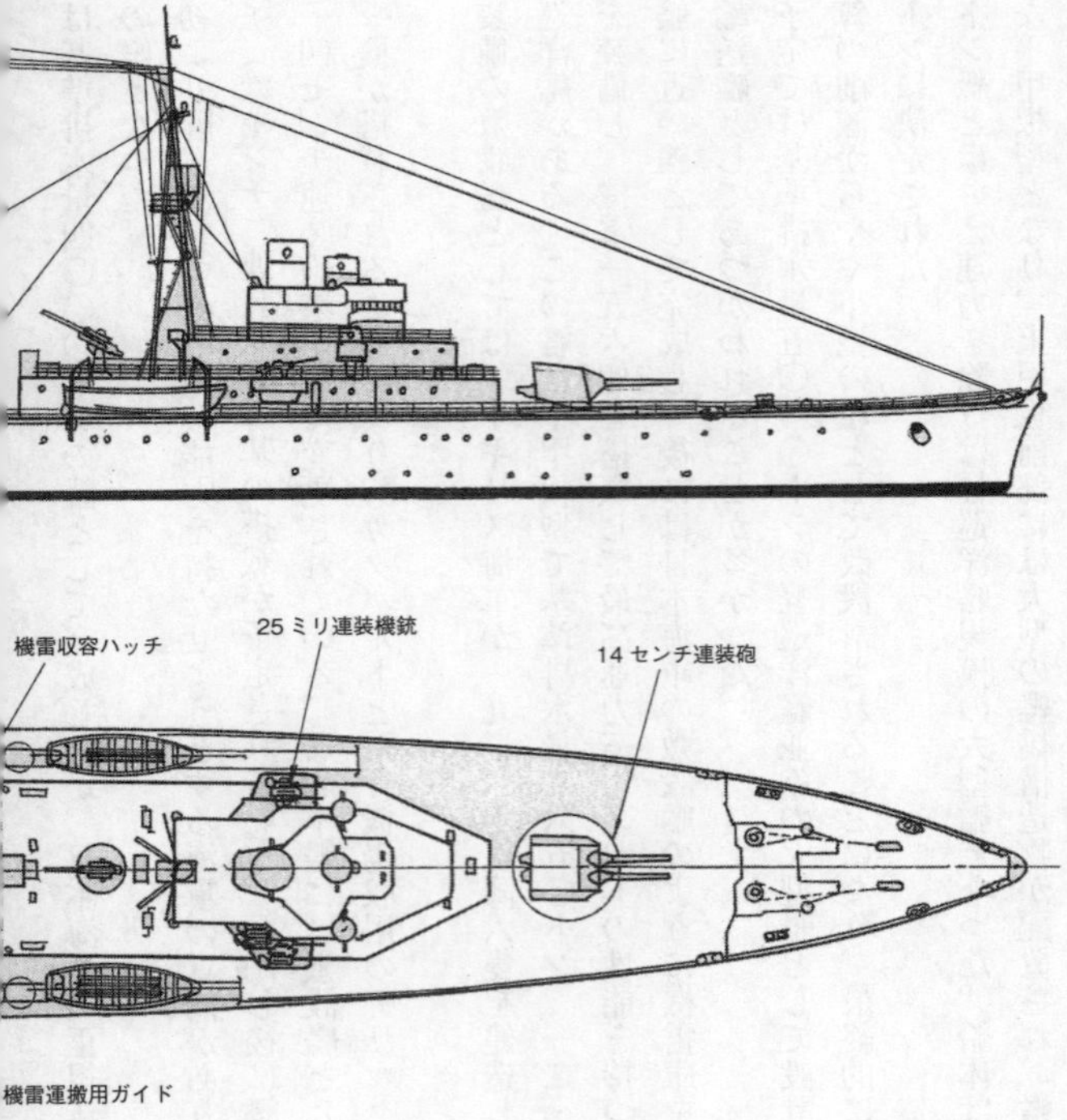
25ミリ連装機銃
機雷収容ハッチ
14センチ連装砲
機雷運搬用ガイド

第15図　敷設艦沖島

基準排水量　4000トン
全　　　長　124.5m
全　　　幅　16.2m
主　機　関　艦本式タービン機関2基
最大出力　9000馬力（合計）
最高速力　20.0ノット
搭載機雷数　500個

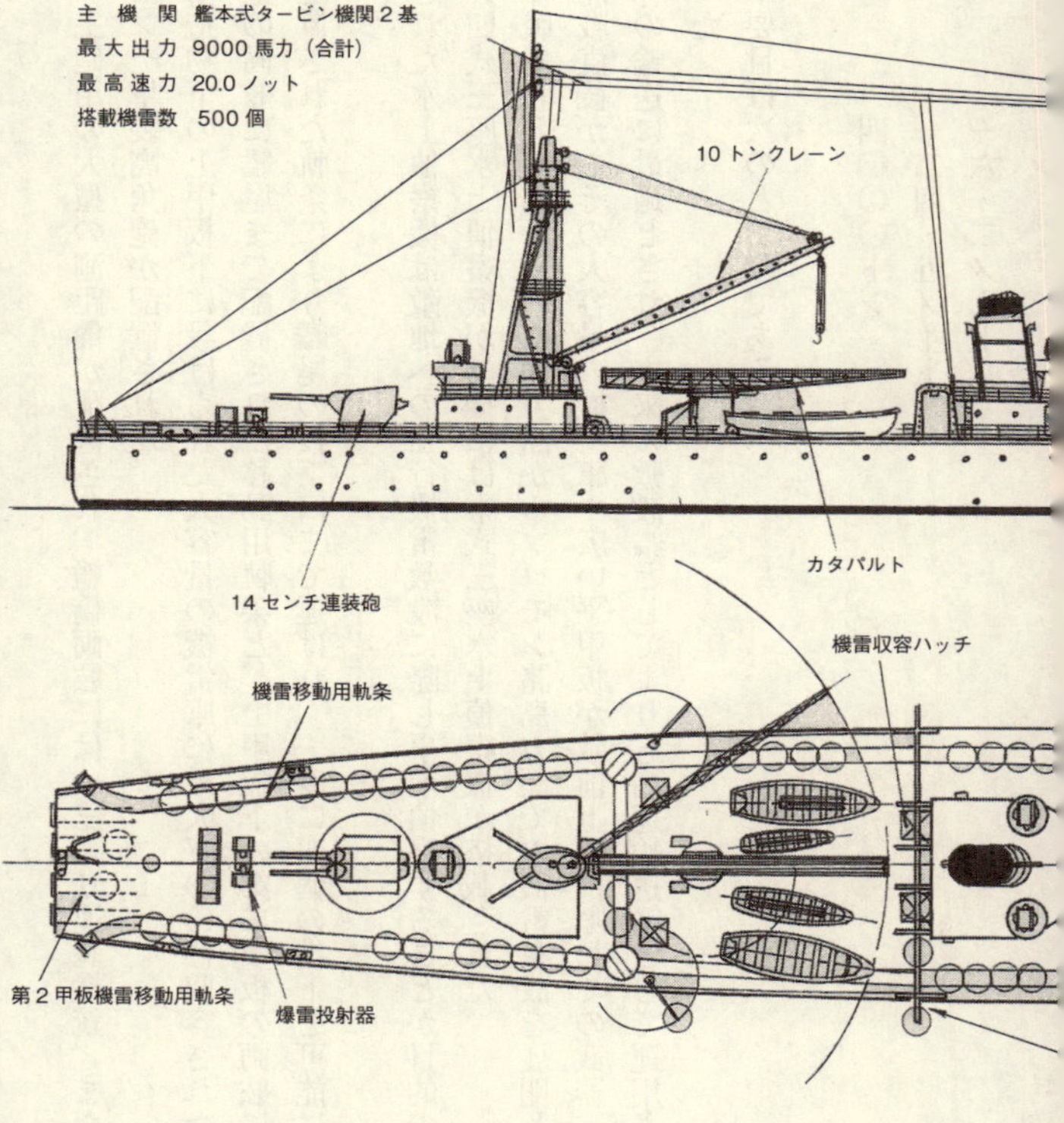

には一四センチ主砲用の大型の測距儀が配置され、艦橋両舷には一三ミリ連装機銃、また艦橋直後には八センチ単装高角砲が配置された。

機雷は艦橋構造物下の上甲板下に設けられた大容量の機雷庫に最大五〇〇個収容された。機雷は上甲板上の両舷に艦尾まで配置された移動用軌条と、上甲板下の第二甲板の両舷に沿って艦尾まで配置された軌条により艦尾の投下口まで運ばれ、一度に四個の投下を可能にした。

本艦に搭載された水上偵察機は敵地への強行機雷敷設に際し事前偵察することが目的のもので、当初は九四式三座水上偵察機が、後には零式三座水上偵察機が搭載された。

本艦は太平洋戦争勃発直前から内南洋方面からソロモン諸島方面での機雷敷設を展開している。しかし開戦直後からその大容量の機雷庫や広い平甲板が敵前上陸に際しての武器・弾薬あるいは糧秣の輸送に最適とされ、本来の敷設艦としてよりも高速輸送艦として運用される機会が多かった。

「沖島」の基本要目は次のとおりである。

基準排水量　四〇〇〇トン
全長　一二四・五メートル
全幅　一六・二メートル

主機関　艦本式タービン機関二基（二軸推進）
最大出力　合計九〇〇〇馬力
最高速力　二〇ノット
武装　一四センチ連装砲二基
　八センチ単装高角砲一門
機雷敷設能力　搭載機雷数五〇〇個
　機雷投下軌条四基
航空機　水上偵察機一機（カタパルト一基装備）

敷設艦「津軽」

本艦は先の「沖島」の二番艦として、ロンドン軍縮条約の制限を受けることなく設計された大型敷設艦である。基本形状や装備は「沖島」とほぼ同じであるが、「沖島」の運用実績から復元性の向上、主砲の変更、構造の強化などが行なわれ「沖島」の準姉妹艦としての存在となっている。

「津軽」と「沖島」との相違点には次のものがある。

（イ）主砲を一二・七センチ連装砲二基に変更。

敵艦艇との交戦の際により速射性の高い高角砲を主砲として採用したこと、また敵航

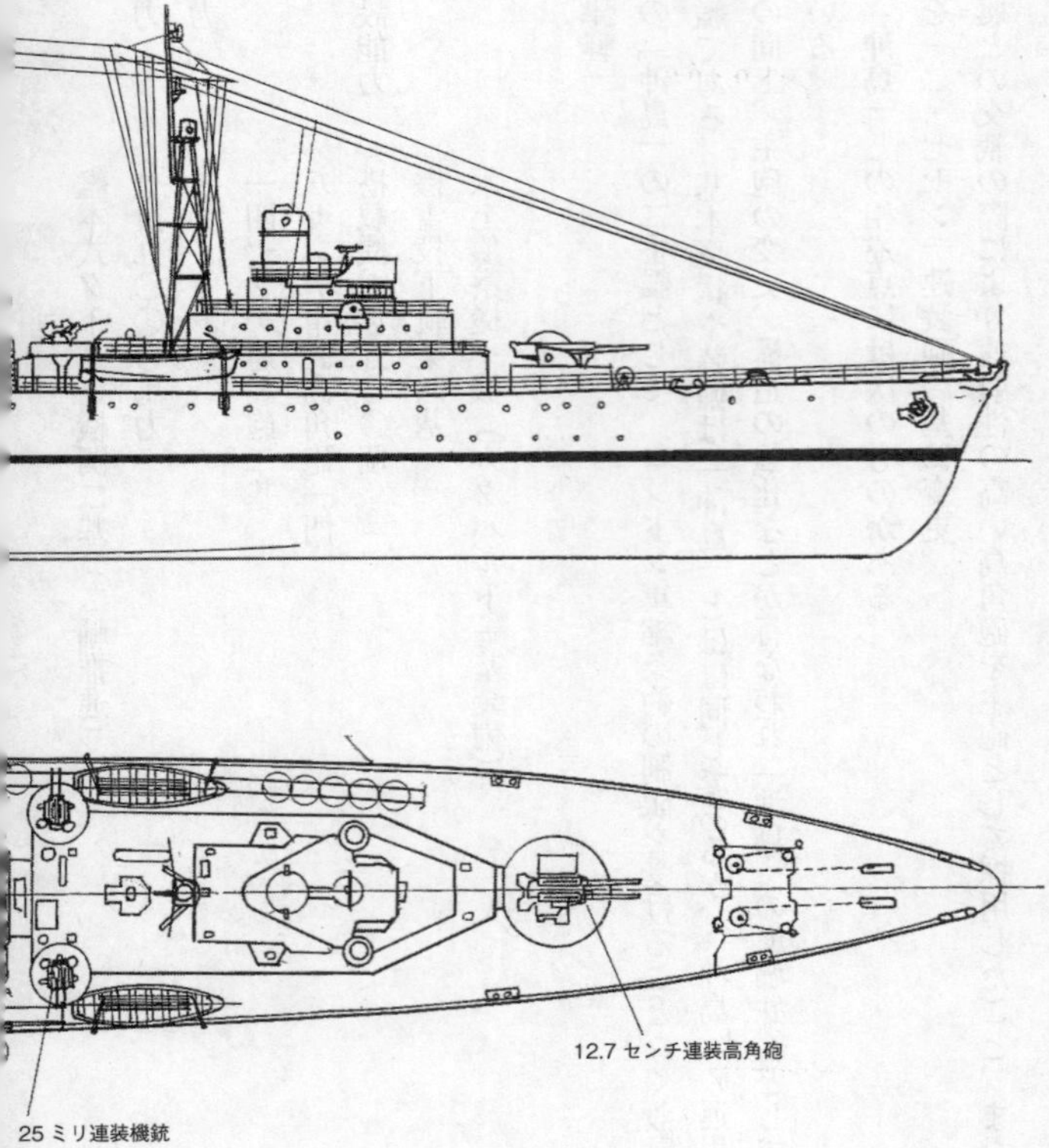
12.7センチ連装高角砲
25ミリ連装機銃

第16図　敷設艦津軽

基準排水量　4000トン
全　　　長　124.5m
全　　　幅　16.0m
主　機　関　艦本式タービン機関2基
最大出力　9000馬力（合計）
最高速力　20.0ノット
搭載機雷数　500個

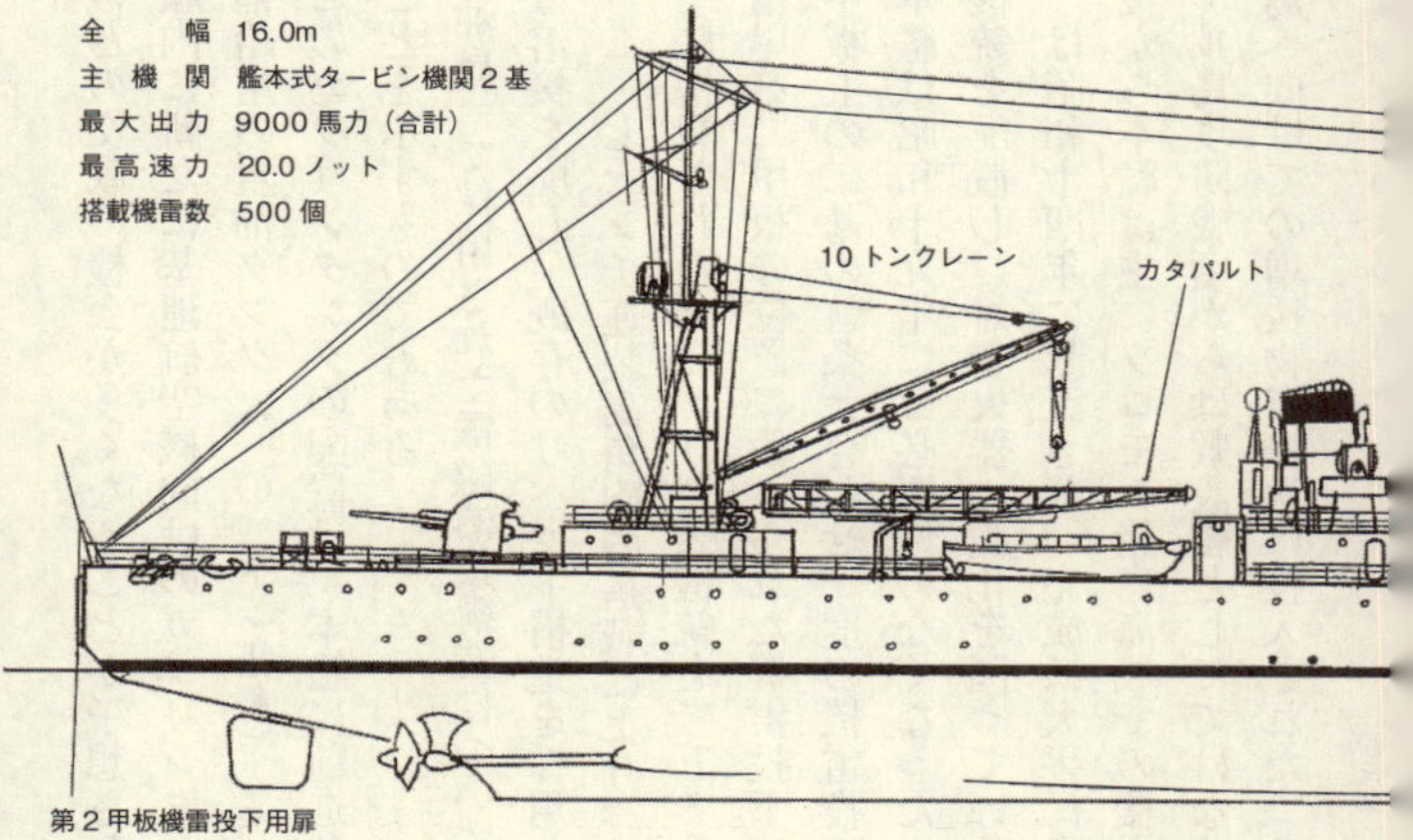

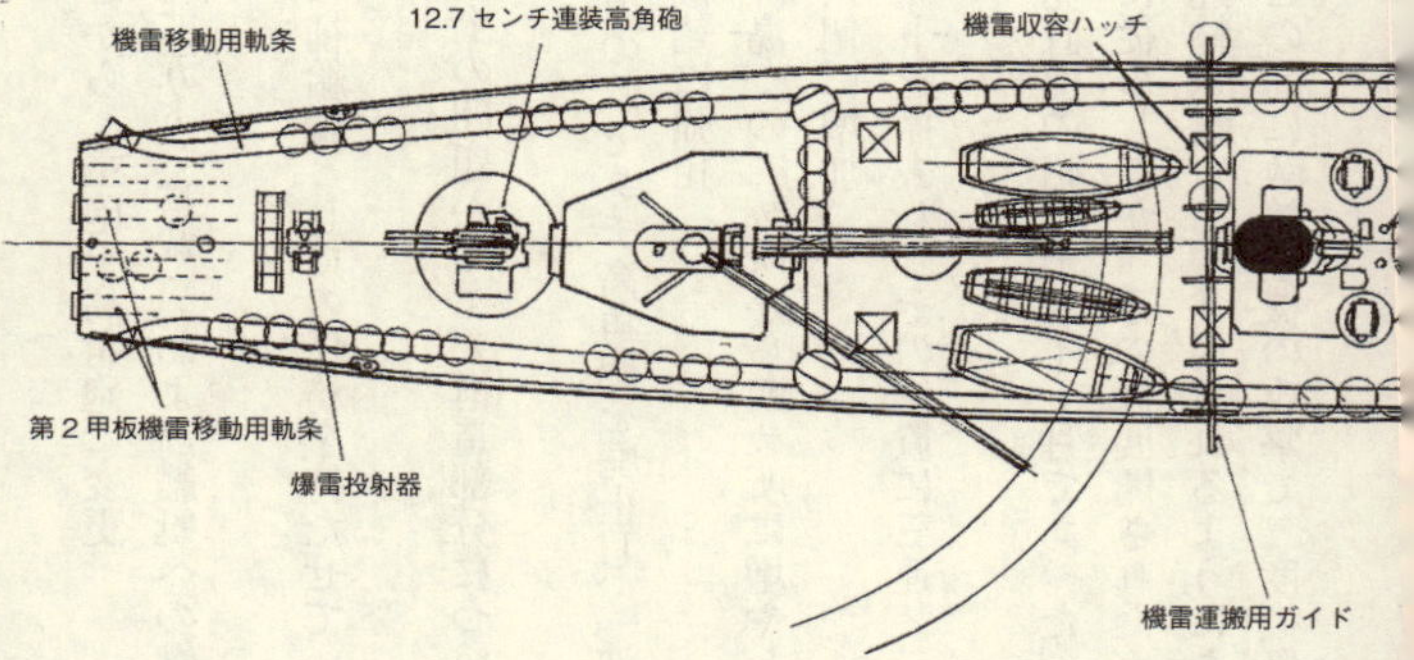

空機との交戦の機会が多くなることが予想されることから、主砲を高角砲に変更。

(ロ)艦内に新たに基地航空機向けのガソリンタンク(一二五トン搭載)、および艦艇への燃料補給用の重油タンク(一〇二トン搭載)を新設。

このガソリンタンクの配置は、本艦に前進基地への補給艦としての任務を持たせていたことを示すものでもある。

(ハ)「沖島」で採用された電磁溶接構造について、強度上の問題から主要構造部分については溶接を廃し、既存のリベット構造を採用した。

(ニ)一二・七センチ連装高角砲の搭載により、艦橋後方の八センチ高角砲を廃止し、「沖島」に搭載された一三ミリ連装機銃を二五ミリ連装機銃に強化。

(ホ)艦尾第二甲板の位置に設けられた機雷投下口を、「沖島」の二ヵ所から四ヵ所に増やし、上甲板上の二基の軌条と合わせ一度の機雷投下数を六個に増加。

なお本艦は昭和十九年には必要性のなくなったカタパルトを撤去し、その位置に三連装二五ミリ機銃を配置し、対空火器の強化を図っている。

「津軽」は昭和十四年に起工され、完成は太平洋戦争勃発直前の昭和十六年十月であった。開戦直後から本艦は主にソロモン諸島海域での機雷敷設に従事したが、その後展開されたガダルカナル島攻防戦頃からは敷設艦としてではなく、高速輸送艦として多用されるようになり、同島へ向けての増援物資輸送に投入された。そしてこの間に敵航空機の攻撃で二度損傷している。

昭和十九年に入る頃からはシンガポールやフィリピン方面への物資輸送任務に重用されたが、この間の六月には許容量以上の機雷六〇〇個を搭載し、フィリピンのスリガオ海峡などへの機雷敷設を展開している。

「津軽」の基本要目は次のとおりである。

基準排水量　四〇〇〇トン
全長　一二四・五メートル
全幅　一六・〇メートル
主機関　艦本式タービン機関二基（二軸推進）
最大出力　合計出力九〇〇〇馬力
最高速力　二〇・〇ノット
武装　一二・七センチ連装高角砲二基、（沈没時の対空機銃は二五ミリ連装機銃五基、同単装機銃六梃）
機雷敷設能力　搭載機雷数五〇〇個

敷設艦「箕面」

戦争末期には「常磐」を残し正規敷設艦はすべて失われていた。海軍は戦局の悪化とともに本土決戦に備え、本土周辺にさらなる機雷堰を構築する計画を持っていた。このためには新たに正規敷設艦の確保が必要であったが新たに建造する余裕はなく、応急の対策として、適応できる既存の艦船を機雷敷設艦に改造する計画を打ち出し、これを正規敷設艦として運用することにした。しかし当時、短時間で敷設艦に改造できる既存の手頃な艦艇はなく、その代案とされたのが、建造途中の商船を買収し、これに必要な改造を施し敷設艦に仕上げることであった。

ここで指定された商船が東亜海運社の起工直後の貨物船永城丸であった。本船は第二次戦時標準設計型の二〇〇〇総トン級の2D型貨物船で、新たな隔壁などを設け、また船尾構造物内の上甲板に機雷運搬・投下用の軌条を配置し、船尾に機雷投下口を設けるなど一部船体構造の改造と強化が行なわれたが、基本は商船の構造そのままであった。

船体前半の大半を占める船倉は機雷倉と機雷調整室および乗組員用の居住区域に改造され、機雷揚収用の大型デリックが配置された。機雷の搭載量は三八〇個で、機雷は機雷庫から船尾構造物の両舷を船尾まで貫通する二基の軌条により船尾まで運ばれ、船尾で軌条は四本に分岐し一度に四個の機雷の投下が可能になっていた。

本艦は起工が昭和十九年十一月で完成は終戦直前の昭和二十年八月五日であった。このために本艦は機雷敷設に何ら寄与することなく、終戦直後から一時復員輸送事業に従事したが後に解体された。

なお本艦は実際には正規の敷設艦には編入されていないとされている。「箕面」はあくまでも応急の敷設艦の位置づけにあり、特設敷設艦として扱われたようである。そして「箕面」に続いて同じく既存の同型の貨物船二隻を購入し、これを敷設艦に向けて本格的に改造したものについては正規の敷設艦として取り扱う予定であったとされている。

「箕面」の基本要目は次のとおりである。

基準排水量	三三二四トン
全長	九一・七メートル
全幅	一三・二メートル
主機関	艦本式タービン機関一基（一軸推進）
最大出力	一二〇〇馬力
最高速力	一一ノット
武装	一二センチ単装砲一門 二五ミリ連装機銃二基、同三連装機銃二基、同単装機銃四梃
機雷敷設能力	搭載機雷数三八〇個 機雷投下軌条四基

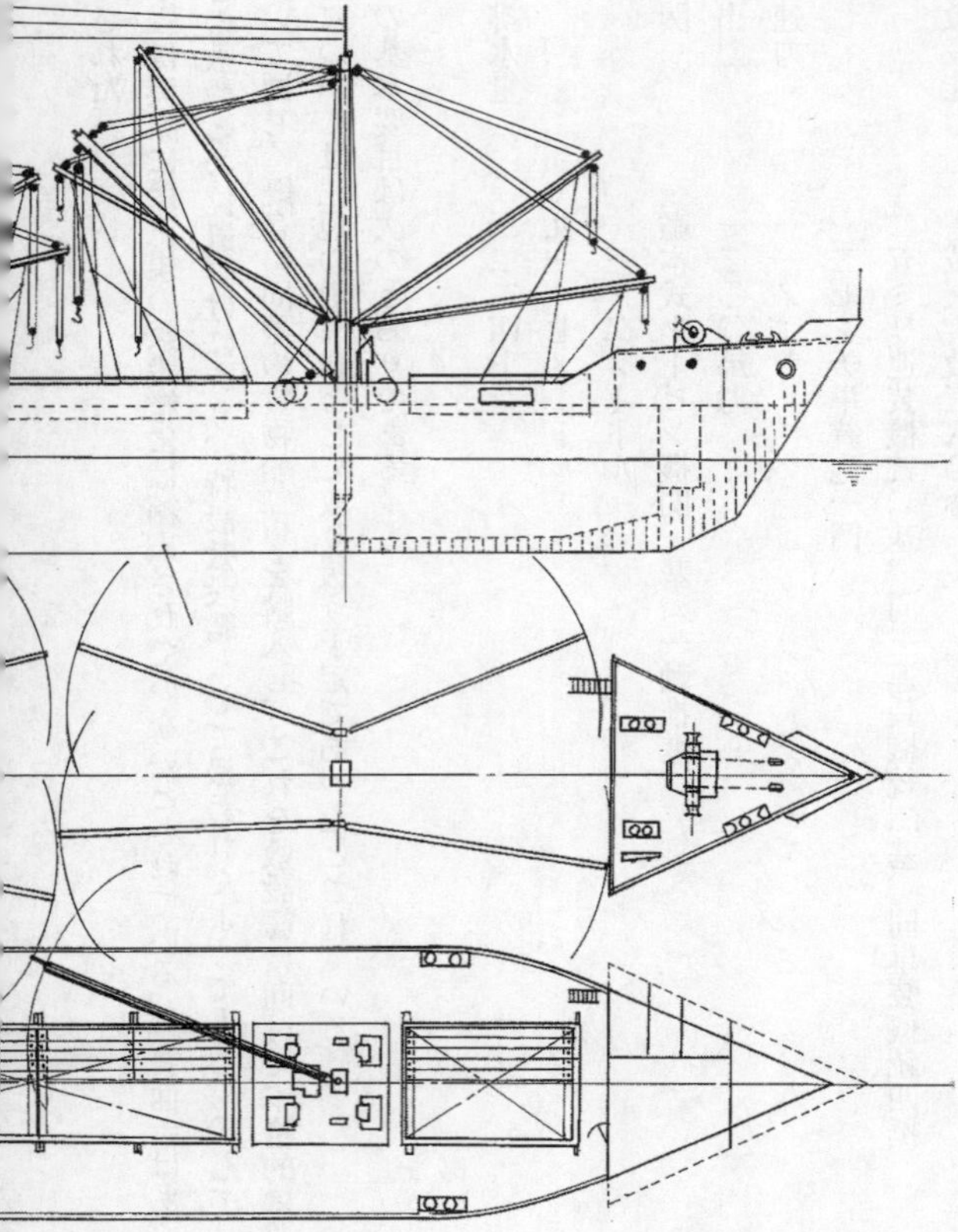

第17図　2D型貨物船

総トン数　2300トン
積載トン数　4300トン
全　長　85.0m
全　幅　13.4m
主機関　レシプロ機関
最高速力　11.4ノット

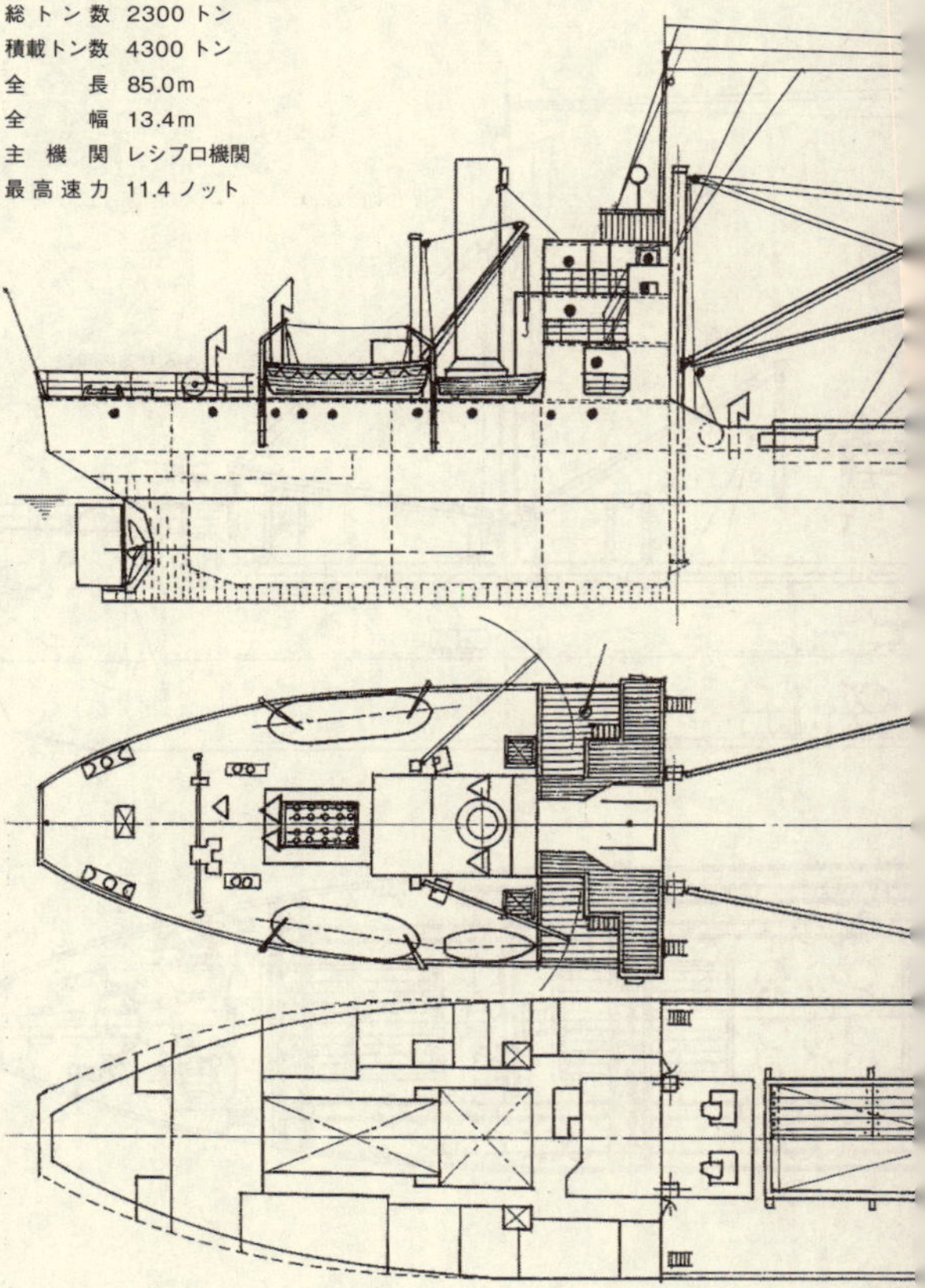

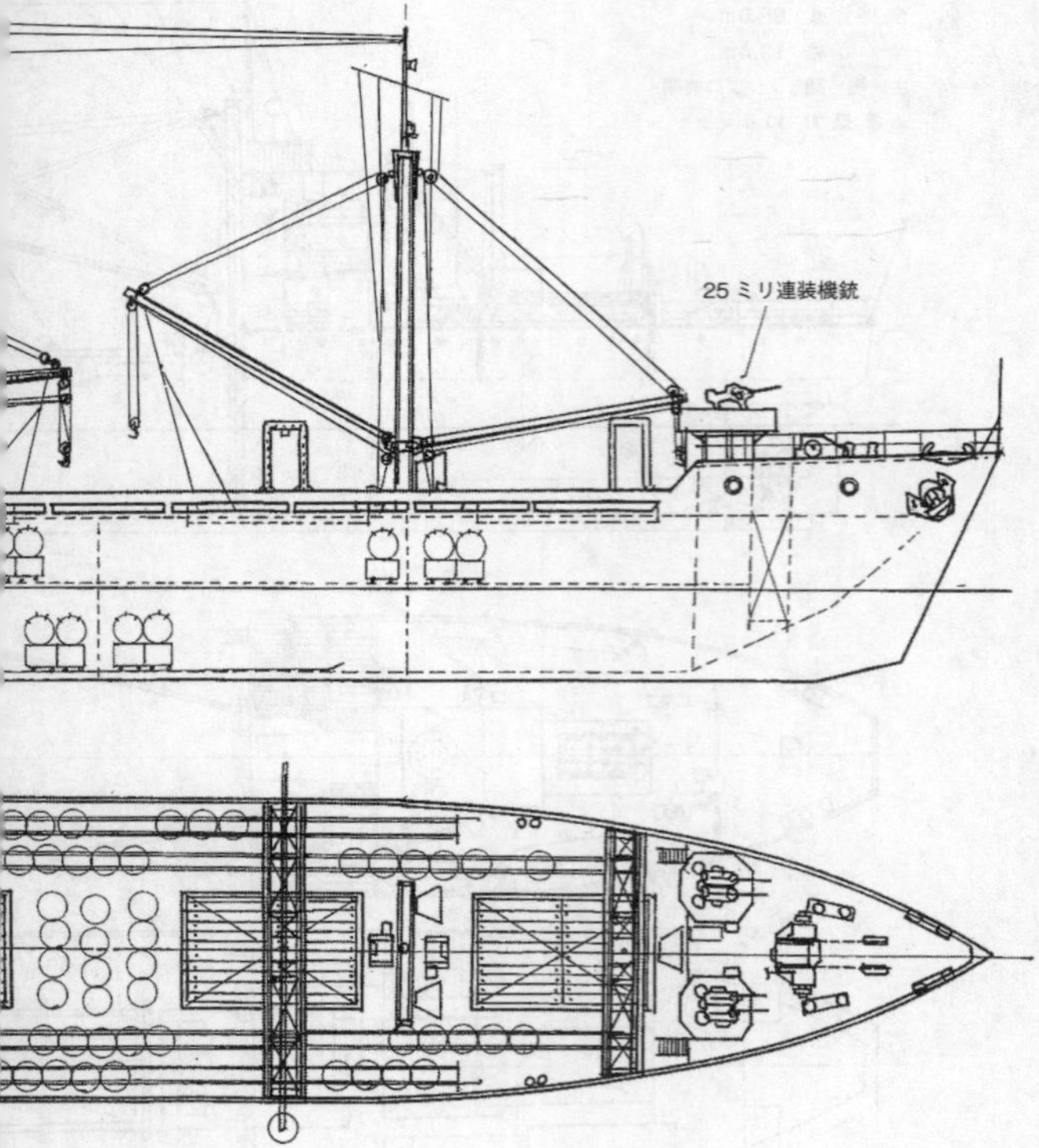
25ミリ連装機銃

第18図　敷設艦箕面

基準排水量	3224トン
全　　長	91.7m
全　　幅	13.2m
主 機 関	艦本式タービン機関1基
最大出力	1200馬力
最高速力	11.0ノット
搭載機雷数	380個

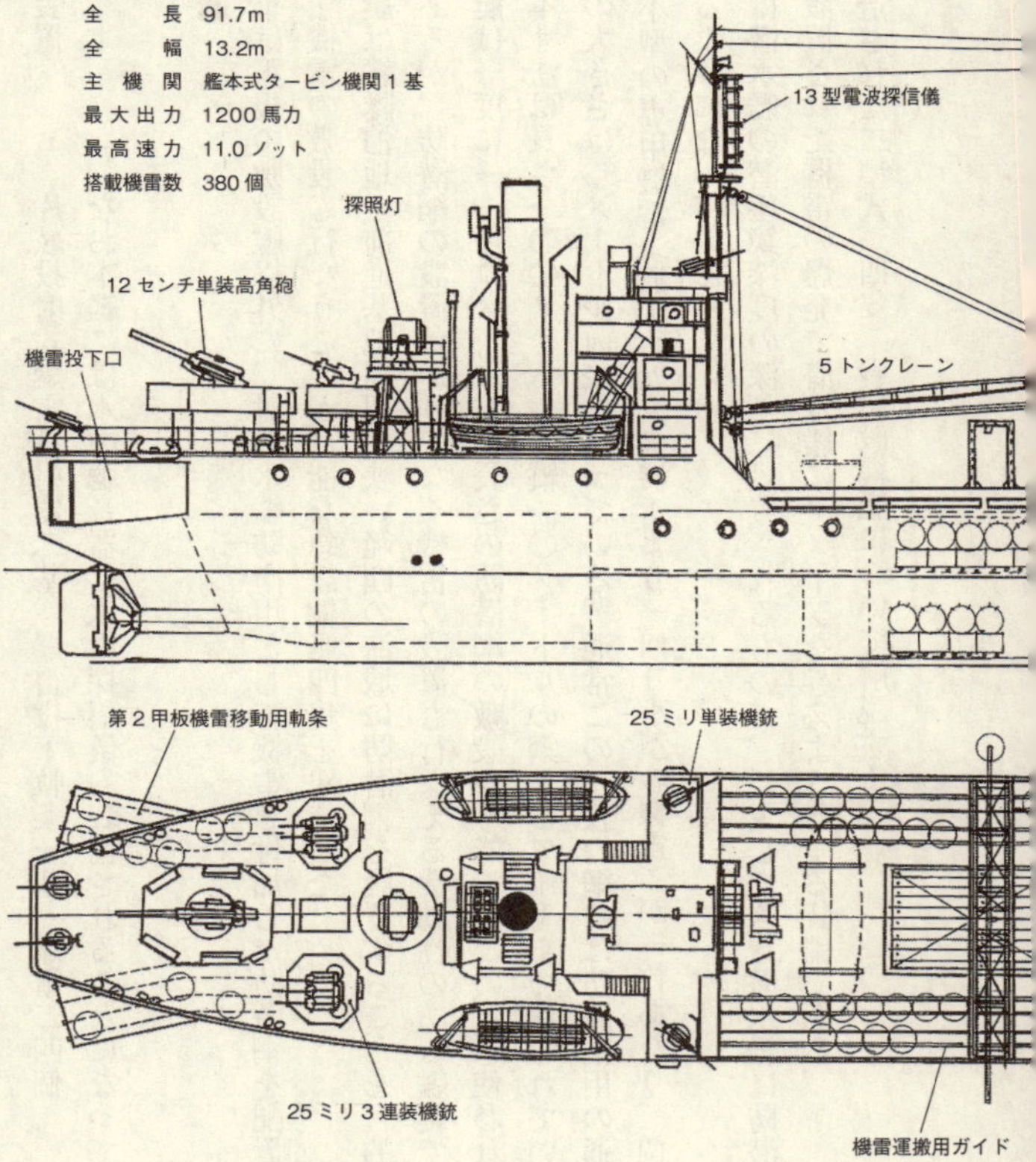

爆雷装置　片舷投射式爆雷投射器二基、爆雷投下軌条一基、爆雷二四個

なお本艦には水中聴音器と水中探信儀も装備されることになっていた。

急設網艇

日本海軍は正規の敷設艦以外に、対潜水艦防衛用として機雷を付加した防潜網を配置すると同時に、機雷の敷設も行なうことが可能な急設網艇四隻を建造した。

急設網艇は艦隊泊地や前進基地周辺の狭い範囲の海域に防潜網を設置することを目的とした艦艇であるが、防潜網の設置ばかりでなく機雷の設置も行なえる機動性のある艦艇である。

急設網艇は一度に一一キロメートルの長さの防潜網の敷設が可能で、このとき使われる防潜網の基本寸法は長さ一〇〇メートル、縦一〇メートルの鋼製のワイヤーで作られている網で、網目の大きさは二メートル前後となっている。通常この一枚の網には防潜網用の通常の機雷より小型の専用機雷（通常の九三式機雷より一回り小型の機雷）が一枚あたり三個取り付けられるようになっている。

防潜網は潜水艦の潜望鏡深度の深さに設置されるもので、侵入してきた潜水艦は防潜網に絡まれ、設置された機雷の爆発で潜水艦にダメージを与えようとする装備である。

次に建造された二型式（四隻）の急設網艇について解説する。

急設網艇「白鷹」

本艇は昭和二年（一九二七年）に起工され、昭和四年四月に完成した、日本海軍そして世界の海軍で最初の急設網艇でもある。本艇は本来は敷設艦規模の基準排水量五〇〇〇トンの急設網艦として計画され、建造予算も確保された。しかし折から発生した関東大震災の影響を受け、災害復旧予算が優先され本艦の建造費は大幅に削減された。

その結果、本艦の建造予算として確保されたのは基準排水量一三〇〇トン級の小型敷設艇としてのものだったのである。

急設網艇の特徴は、敷設すべき大面積の防潜網を収容する大容量の船倉が設けられていることで、ここには付属する機雷も収容されるが、敷設艦艇として運用する場合にはここに大量の機雷を収容するのである。

日本海軍として初めて建造する急設網艇を設計する上では未経験なことが多く、とくに小型艦艇に大容量の防潜網を収容する船倉の配置に多くの苦労が強いられることになった。その解決策として本艇では大容量の船倉を設けるために、乾舷（船体の吃水線から上甲板までの高さ）を高くし、船倉容積の拡大を図ったのである。

この方法は乾舷を高くすることにより船体の復元性を悪化させるという弊害を招きやすい。また船体の横面積が拡大することにより横風の影響も受けやすくなり、操船性能が悪くなる傾向にもなった。

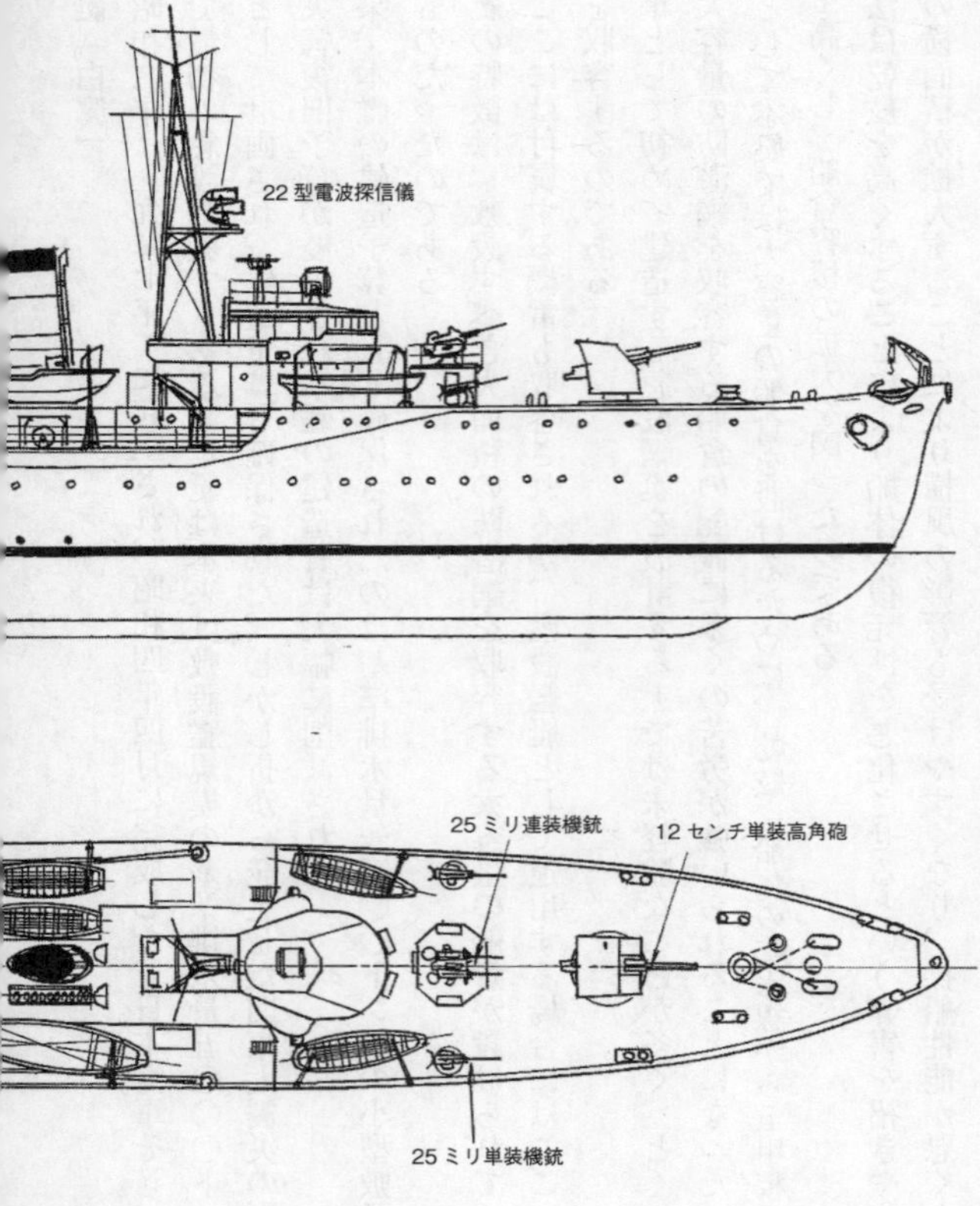

22型電波探信儀
25ミリ連装機銃
12センチ単装高角砲
25ミリ単装機銃

第19図　急設網艇白鷹(昭和19年後半頃の姿)

基準排水量	1345トン
全　　長	89.7m
全　　幅	11.55m
主　機　関	3衝程レシプロ機関2基
最大出力	2000馬力(合計)
最高速力	16.0ノット
搭載機雷数	100個 又は防潜網 6カイリ分

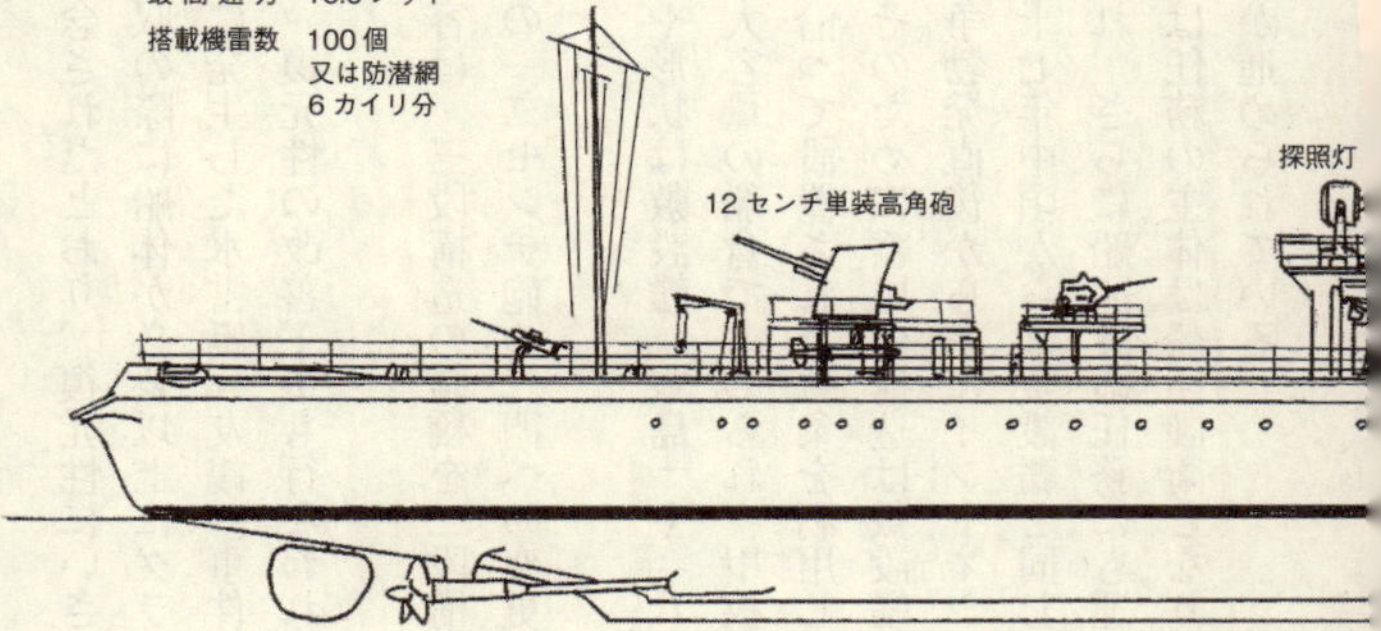

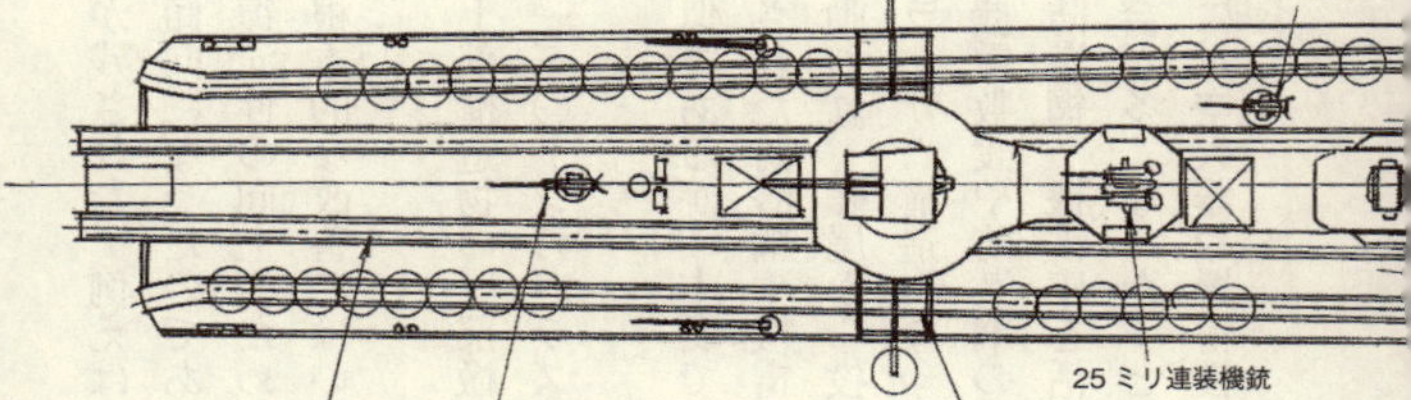

完成した本艇は懸念されたとおり、復元性にいささかの疑問が残された。例えば上甲板上で大型カッターの揚収の際に船体が必要以上にグラつきやすい傾向になったのである。本艇はその後、昭和四年に発生した水雷艇「友鶴」事件の反省から復元性の向上のために大規模な改造が行なわれた。復元性の改善工事も行なわれているが、根本的な改善にはいたっていなかった。

主な改良工事の内容は、三段構造の艦橋を二段構造に改造、上部構造物の一部撤去と煙突高の短縮、三門搭載の一二センチ砲の二門への変更、船底への一三〇トンのバラストの搭載などであった。

「白鷹」の基本構造や形状は敷設艦「厳島」や「八重山」に近似であるが、本艇では艦中央部から後半にかけて大容量の船倉で占められ、甲板上に取り出された防潜網や機雷は敷設艦と同じく、両舷側に沿って設置された軌条を利用し艦尾まで移動され、艦尾から投下されるようになっている。そのために艦尾の構造は敷設艦と同じくトランサム構造になっていた。

「白鷹」は太平洋戦争勃発直後から主にインドネシア海域での機雷敷設や防潜網の敷設に従事していたが、昭和十七年中頃からは敷設艦と同じく大容量の防潜網・機雷庫を活用した輸送任務に主に投入され、さらに船団護衛任務にも運用される機会が多くなった。とくに昭和十九年に入る頃からは任務の主体は船団護衛となり、このために対空火器や爆雷投射装置などの対潜兵器の搭載が進められている。

最終的に増強された武装は二五ミリ連装機銃二基、同単装機銃二梃、一三ミリ連装機銃一基、両舷用爆雷投射器数基、水中探信儀、二一型電波探信儀等であった。

「白鷹」の基本要目は次のとおりである。

基準排水量　一三四五トン
全長　八九・七メートル
全幅　一一・五五メートル
主機関　三段膨張式レシプロ機関二基（二軸推進）
最大出力　合計二〇〇〇馬力
最高速力　一六・〇ノット
武装　竣工当時、一二センチ単装砲三門
敷設能力　防潜網六カイリ（約一万一一〇〇メートル）
または九三式機雷一〇〇個

急設網艇「初鷹」級（初鷹、蒼鷹、若鷹）

本級は「白鷹」の増備として建造が計画されたもので、昭和十三年に二隻（初鷹、蒼鷹）が起工され、続いて昭和十五年に最初の二隻を若干改良した一隻（若鷹）が起工された。

「初鷹」と「蒼鷹」は昭和十五年に完成し、「若鷹」は太平洋戦争勃発直前の昭和十六年十一月に完成している。

「初鷹」級は「白鷹」の運用実績上の反省から船体をやや拡大し、復元性能などについて基本的な改良が行なわれている。主な改良点は次の五点である。

（イ）復元性の改善
（ロ）速力および航続力の増加
（ハ）兵装の変更
（ニ）主機関の変更
（ホ）一般艤装・構造の改善

これらの一連の改良の結果、「初鷹」級三隻は「白鷹」にたいして大きく変化した新しい急設網艇として完成することになった。改良後の「初鷹」級は次のとおりとなった。

（イ）復元性の改善

乾舷を九〇センチ低くする一方、吃水を九〇センチ増すことにより復元性の基本的改善を図った（乾舷が低くなったことにより「初鷹」級の外観は駆逐艦に近似の姿となり、スマートな外観となった）。

（ロ）速力および航続力の増加

主機関をレシプロ機関から出力を増大した蒸気タービン機関に変更することにより、最高速力が「白鷹」の一六ノットから二〇ノットに増加。また燃料槽を拡大することにより航続力を「白鷹」より五割増しの五五六〇キロ（一四ノット航行）に改善された。
（ハ）兵装の変更
重量軽減への改善のため備砲をより軽量な毘式（ビッカース式）四〇ミリ連装機銃二基に変更された（但し本砲は貫通力に乏しく敵艦艇との砲撃戦に際しては劣勢となるため、後に八センチ単装高角砲二門に換装された）。なお三番艇の「若鷹」は当初より八センチ単装高角砲を搭載した。
（ホ）一般艤装・構造の改善
「白鷹」の反省から、当初より艦橋構造物を二段構造とし煙突の高さを低くし、前後マストを軽量構造に改め、復元性の改善策としている。

なお「初鷹」級三隻も昭和十八年後半頃からは船団護衛任務につくことが多く、逐次護衛艦艇としての装備の強化が進められている。主な内容は二五ミリ機銃を中心とした対空火器および爆雷投射器の増備である。

「初鷹」級三隻は太平洋戦争勃発当初より上陸作戦の支援艦艇（哨戒、警備、対潜警戒等）として運用されることが多く、本務である防潜網の敷設や機雷敷設の任務は少なく、昭和十七年後半からは前進基地へ向けての輸送任務や船団護衛任務が主体となり、昭和十九年頃か

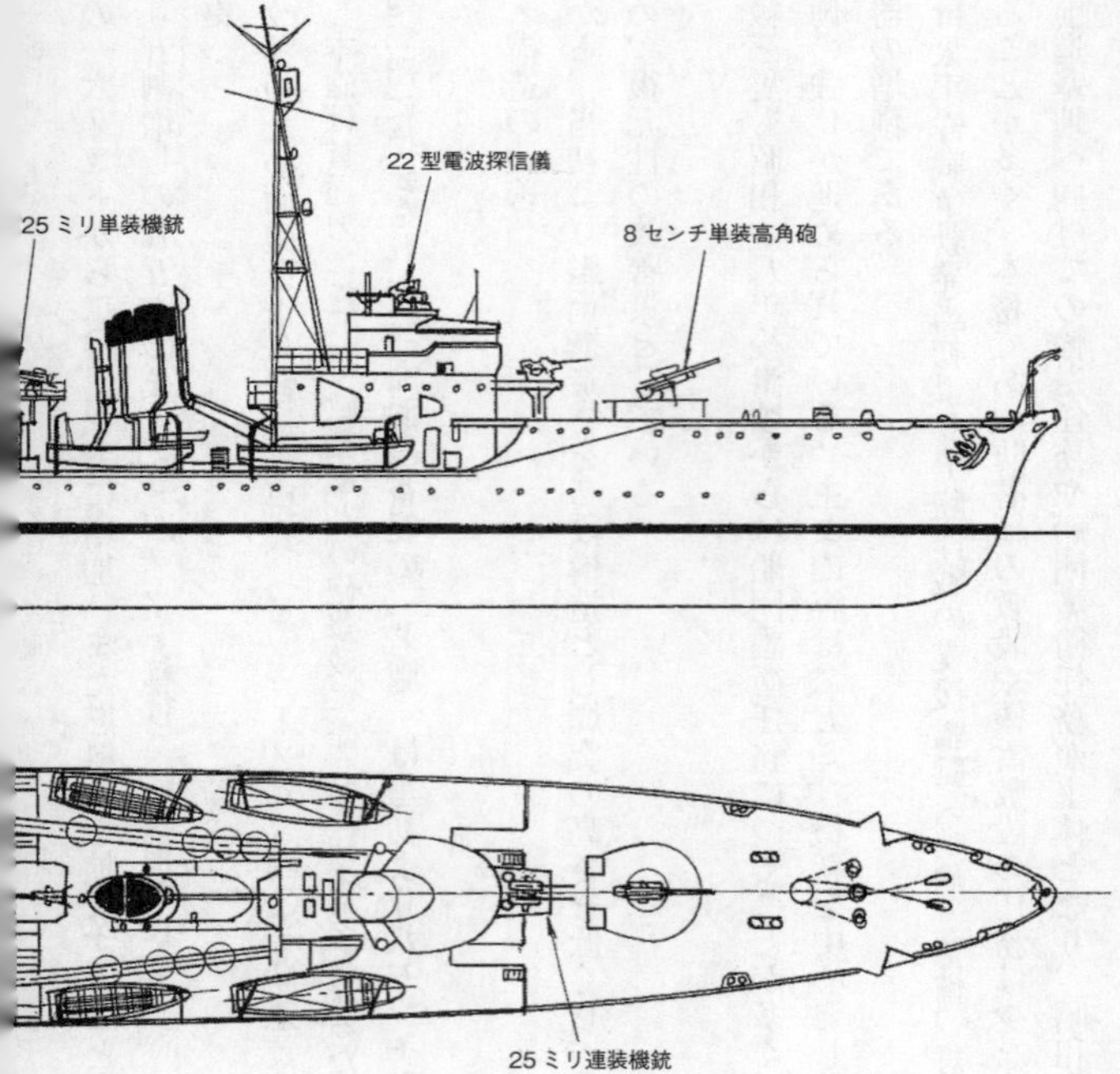

22型電波探信儀
25ミリ単装機銃
8センチ単装高角砲
25ミリ連装機銃

第20図　急設網艇初鷹（昭和19年後半頃の姿）

基準排水量　1600トン
全　　長　91.0m
全　　幅　11.3m
主　機　関　艦本式タービン機関2基
最大出力　6000馬力（合計）
最高速力　20.0ノット
搭載機雷数　100個又は防潜網24組

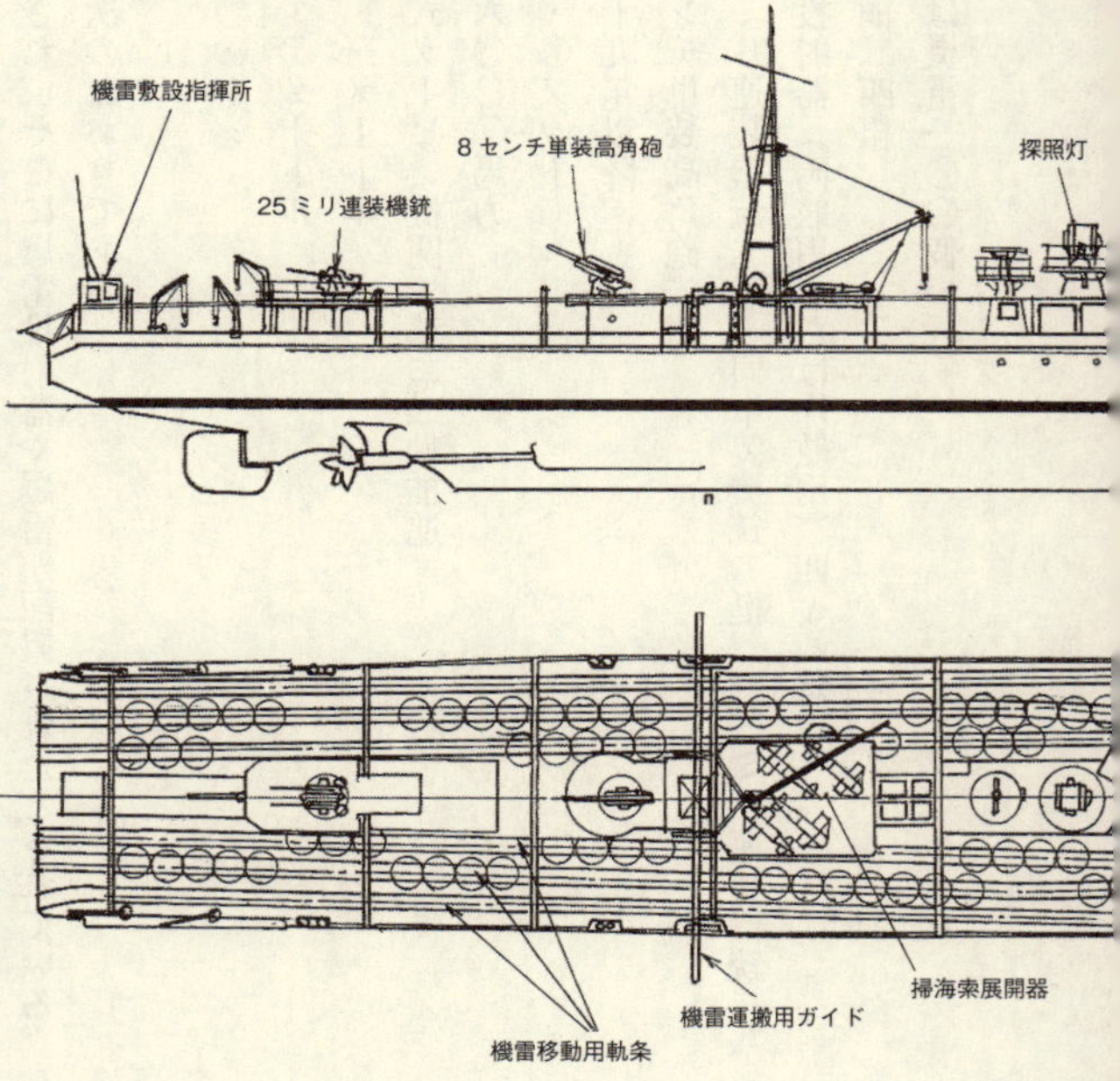

らはその運用は船団護衛が主たる任務になっている。このために艦尾に配置された機雷や防潜網投下用の軌条が撤去され、そこに爆雷投射器や爆雷が配置されたとされている。

「初鷹」級の基本要目は次のとおりである。

基準排水量　一六〇〇トン
全長　九一・〇メートル
全幅　一一・三メートル
主機関　艦本式タービン機関二基（二軸推進）
最大出力　合計六〇〇〇馬力
最高速力　二〇・〇ノット
武装　昭和十九年以降
八センチ単装高角砲二門
二五ミリ連装機銃二基、同単装機銃二梃、一三ミリ連装機銃二基
爆雷投射器（両舷用または片舷用）四～八基
敷設能力　防潜網二四組
または機雷一〇〇個

日本海軍の特設敷設艦

有事に際し既存の敷設艦だけでは作戦行動に絶対的な不足が生じることは明白である。この状況を解決する策として、該当する規模の商船を徴用し、一部改造を行ない特設の敷設艦として運用する手段は当然考えられることである。

日本海軍は太平洋戦争勃発を前にして、すでに七隻の商船を特設敷設艦として使う目的で徴用していた。またその後二隻の商船を徴用し特設敷設艦に改造し運用することになっていた。そして戦争勃発後はこれらの特設敷設艦は、日本周辺に設置する機雷堰の構築や前進基地周辺海域への機雷敷設に有効に活用された。

日本海軍が特設敷設艦に転用する目的で徴用した商船は七隻であった。戦争勃発時点で特設敷設艦を目的に徴用されたその七隻は、いずれも総トン数六〇〇〇トン級で最高速力一六ノット級の外国航路用の優秀貨物船であった。

これら貨物船は特設敷設艦として運用するには防御面を別にすれば理想的な形態をしていた。その第一が大量の機雷を格納する機雷庫として、また機雷の事前調整のための調整室として大容量の貨物艙を、大規模な改造を行なわなくともそのまま転用できることにあった。

さらに船体後部甲板上には機雷移動用の軌条の設置も容易で、一方船倉内から船尾に向けて新たに機雷移動用の軌条を設置することもできた。また機雷の船倉からの取り出しや積み込みも既存のデリックがそのまま使えるメリットもあった。そしてこの大型貨物船を使った

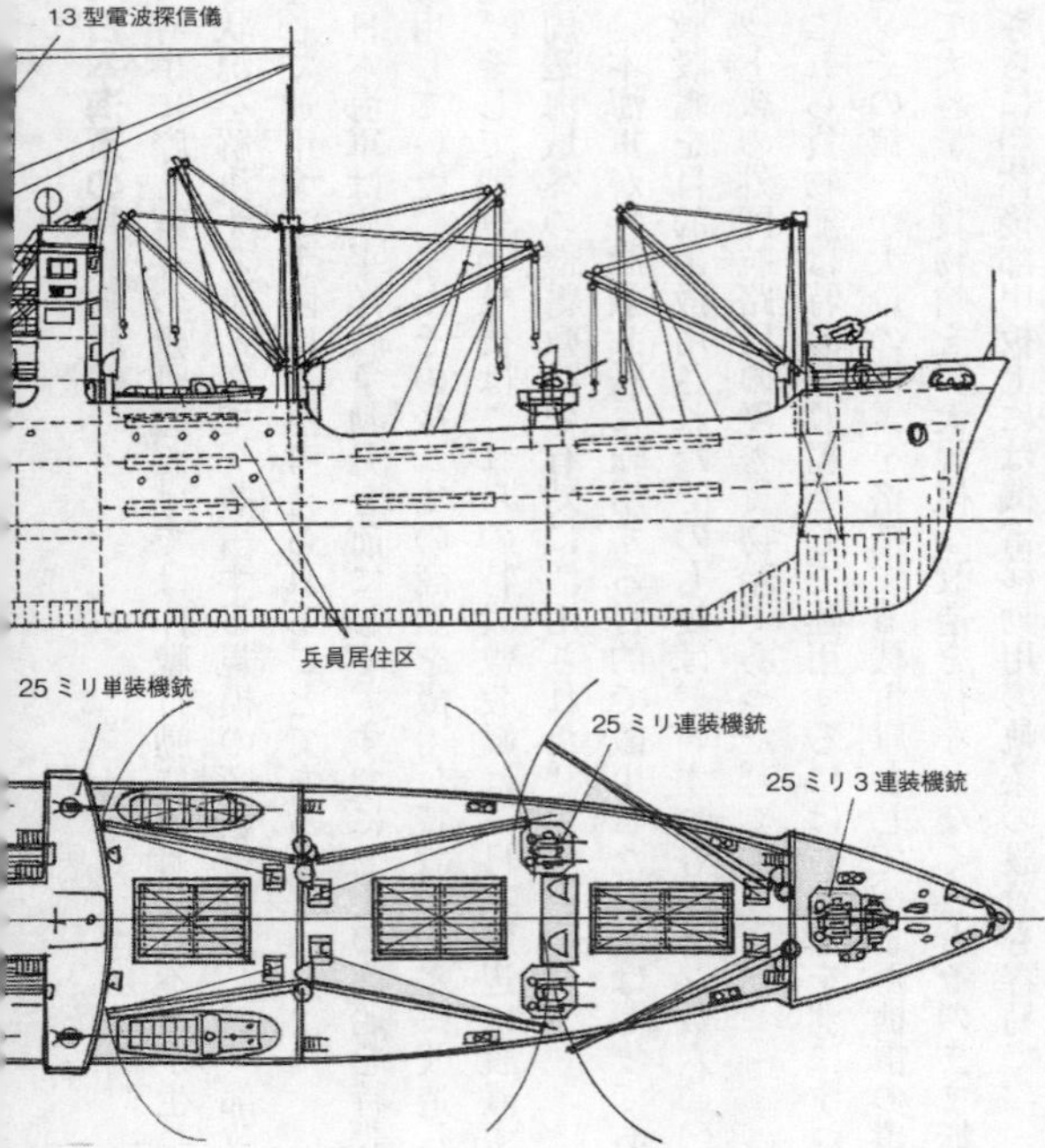
13 型電波探信儀
兵員居住区
25 ミリ単装機銃
25 ミリ連装機銃
25 ミリ 3 連装機銃

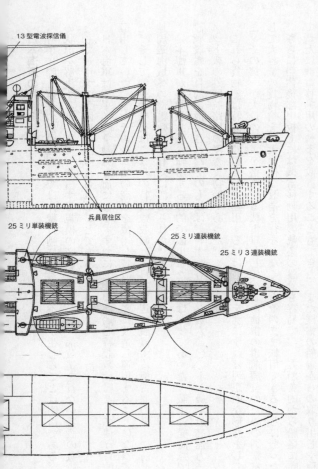

第21図　特設敷設艦辰宮丸

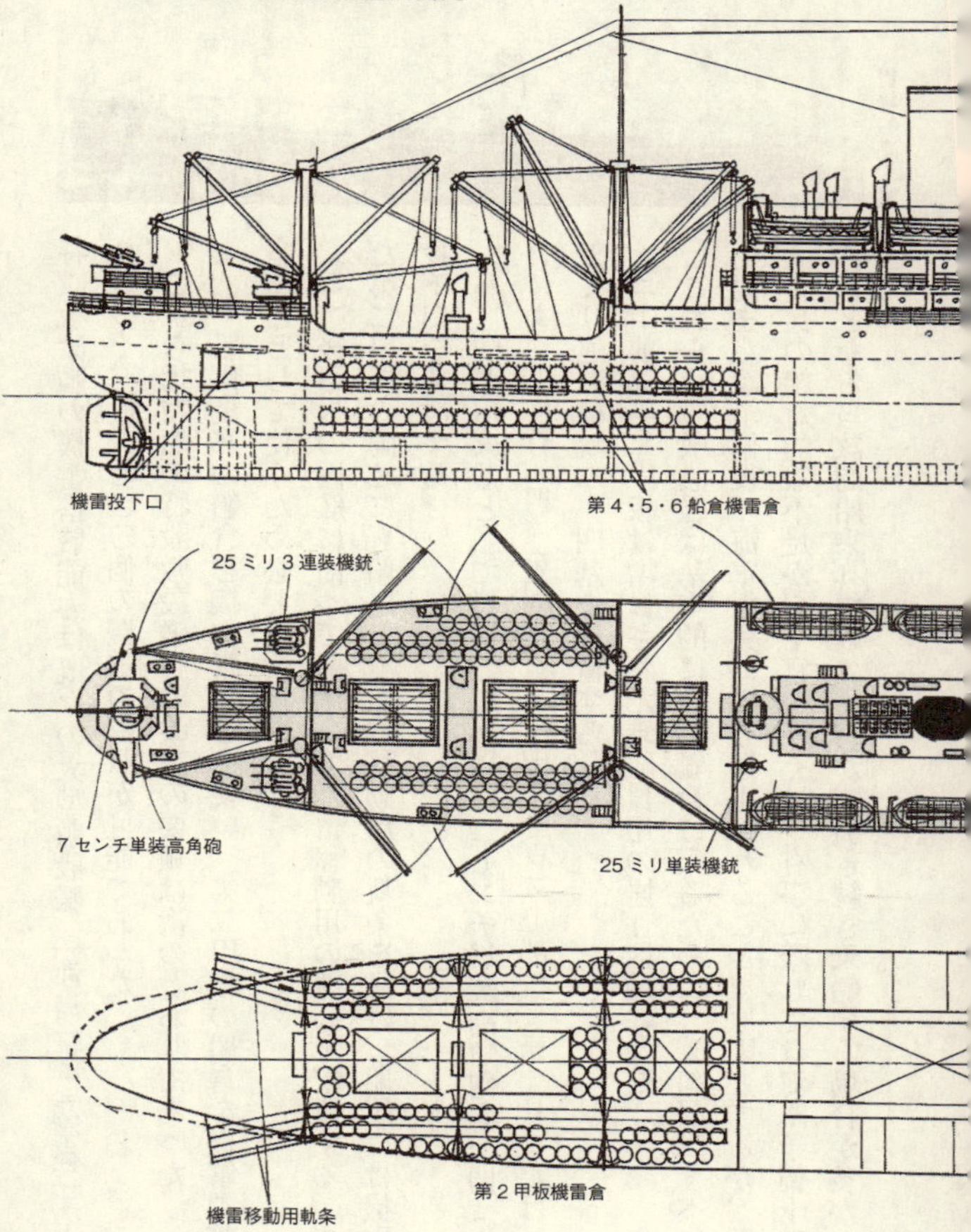

貨物船高栄丸

特設敷設艦の機雷搭載能力は既存の大型敷設艦（「沖島」と「津軽」）よりも多く、最大七〇〇個の機雷の搭載が可能であった。
これら貨物船の特設敷設艦への改造の要領は次のとおりであった。
（イ）船体後部の船倉を機雷庫として使い、第二甲板の船倉を機雷調整室などとして使うため必要な改造を行なう。
（ロ）後甲板の両舷に沿って船尾まで機雷移動用の軌条を配置する。また第二甲板の両舷にも船尾まで機雷移動用の軌条を設け、船尾には機雷投下口を新設する。
（ハ）防衛用火器として船首と船尾に一二センチ単装高角砲各一門（場合によっては各二門）を配置。また中央ハウス上部に一三ミリまたは二五ミリ連装機銃二～四基を配置する。
（ニ）前部第二甲板は増員された乗組員用の居住区域に改装。
これら特設敷設艦は基本的には軍艦籍に入るために、乗組員はすべて正規または予備役の海軍将兵により運用されることを原則とするが、配置将兵の絶対的な不足から士官の多くは、有事に際しては海軍予備士官待遇となる当該商船乗り組みの士官が、引き続き乗船する場合が多かった。

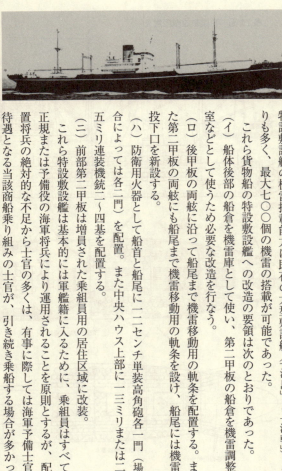

太平洋戦争勃発に際して、これら特設敷設艦は正規敷設艦と数個の敷設戦隊を編成し機雷敷設に従事した。開戦当時の特設敷設艦の配置は次のとおりとなっていた（『』は特設敷設艦）。

第三艦隊・第十七戦隊　「厳島」「八重山」『辰宮丸』
第四艦隊・第十九戦隊　「沖島」「津軽」「常磐」『天洋丸』
第三艦隊根拠地隊　『新興丸』『日裕丸』
第四艦隊根拠地隊　『高栄丸』

戦争勃発時点で特設敷設艦として徴用された七隻の貨物船は、戦争中に四隻が戦禍で失われたが、残る三隻（辰宮丸、辰春丸、高栄丸）は残存し、戦後の日本の海運界の復興の柱として活躍した。

敷設艦の戦歴

太平洋戦争において日本海軍が建造した正規の敷設艦が、本来の任務に従って機雷敷設に専念したのは、戦争勃発直前から開戦後二年弱であったといえる。

機雷の敷設は本来は平時に展開することは例外的で、有事に際し展開するのが常道である。日本海軍が日本沿岸や台湾あるいは東シナ海海域までの広範囲に機雷の敷設（機雷堰）を開始したのは、その大部分は戦争勃発直後からであった。

これらの機雷堰の敷設の主力は本来は正規敷設艦が主力となって展開されるはずであるが、戦争勃発当時すでに外戦部隊に所属していた正規敷設艦と急設網艇のすべては、南方方面への侵攻作戦に投入され、その活動の主体は機雷敷設よりも上陸部隊の支援（哨戒、船団警備、対潜活動など）となっていた。

このために日本周辺の機雷敷設活動の主体として、特設敷設艦や特設敷設艇あるいは多くの機雷の搭載が可能な特設砲艦などが精力的に展開したのだ。

一方正規敷設艦は機雷敷設よりも大容量の機雷庫と高速力を活かし、南方戦域に展開する部隊への物資輸送用に積極的に運用される機会が多くなった。さらに四隻の急設網艇も本来の目的として使われることが少なく、ときには機雷敷設にも運用されるが、とくに昭和十八年中頃以降は船団の被害の急増と護衛艦艇の絶対的不足から、船団護衛用の護衛艦としての任務に専念するようになった。

次に各正規敷設艦と急設網艇の戦闘記録を示す。

（イ）「勝力」

本艦は老朽化にともない昭和十年には呉鎮守府所属の測量艦として位置づけられていた。その後本艦は測量艦として中南部中国沿岸の測量に従事し、太平洋戦争開戦時も引き続き同戦域および内南洋、マレー・ビルマおよびフィリピン方面の沿海測量に従事し、機雷敷設に携わることはなかった。そして昭和十九年九月にフィリピン沿海で敵潜水艦の雷撃で撃沈された。

（ロ）「常磐」

開戦当時、第四艦隊に所属しており、主に内南洋方面の要地周辺の機雷敷設および前進基地への物資輸送に従事した。昭和十八年中頃からは主に台湾周辺、東シナ海、対馬海峡方面での機雷敷設の任務についた。そして昭和二十年七月には護衛艦艇として海軍護衛総司令部（海軍護衛総隊）の指揮下に入り津軽海峡方面で対潜活動を展開していたが、終戦直前に大湊で敵艦載機の攻撃により大破、大湊付近の海岸に座洲して終戦を迎える。

（ハ）「厳島」

開戦後、第三艦隊付属として主にボルネオ島周辺海域での機雷敷設に従事、その後ニューギニア北岸、東岸、西岸方面の拠点基地への輸送任務に使われている。その後昭和十八年に入るとベンガル湾のニコバル諸島周辺、ロンボック海峡、フロレス海、ニューギニア西部沿岸、パラオ諸島沿岸など南方戦域の広範囲の海域で機雷敷設を決行している。

その後、ジャワ、フィリピン方面への輸送任務についたが、昭和十九年十月にジャワ島近海で敵潜水艦の雷撃で撃沈された。

（ニ）「八重山」

フィリピン占領後はマニラを拠点に侵攻前進基地への物資輸送任務、あるいは船団護衛に従事した。昭和十九年に入るとフィリピン防衛のための物資輸送に専念するかたわら、フィリピン周辺海域での機雷敷設に従事していたが、昭和十九年九月にフィリピン・ミンドロ島近海で敵潜水艦の雷撃で撃沈された。

（ホ）「沖島」

開戦直後から本艦はグアム島、タラワ島、マキン島攻略作戦、およびソロモン諸島攻略作戦に従事していたが、昭和十七年五月にソロモン諸島海域で敵潜水艦の雷撃を受け撃沈され、正規敷設艦の中では最も短命で終わった。

（ヘ）「津軽」

開戦直後からソロモン諸島攻略作戦に参加、上陸部隊の警備任務や物資輸送に活動する。珊瑚海海戦時にはポートモレスビー攻略部隊に参加したが、作戦中止となった。その後ガダルカナル島をめぐる攻防戦では、同島陸上部隊のための物資輸送任務にたびたびついた。

昭和十八年四月以降はラバウルやトラック島向けの物資輸送任務に多用されている。昭和十九年に入るとマレー半島やボルネオ島およびフィリピン周辺海域での防衛用機雷敷設を精力的に展開しているが、このときにフィリピンのスリガオ海峡に一度に六〇〇個の機雷敷設も実施している。その後フィリピン方面への物資輸送を展開したが、その間の昭和十九年六月末にハルマヘラ島北方で敵潜水艦の雷撃を受け撃沈された。

（ト）「白鷹」

開戦後は主に蘭印海域での機雷敷設と哨戒活動を展開し、その後ソロモン諸島のショートランド前進基地周辺への防潜網の敷設などを展開した。昭和十八年四月以降はニューギニア北岸方面への敵の攻略作戦に備え、パラオ島を拠点にホーランディア、ウエワク、ハンザなどの陸軍の拠点に対する物資輸送に専念したが、この間の輸送回数は延べ一二回に達している。

その後は日本とフィリピン間の船団護衛に従事しているが、昭和十九年八月末にバシー海峡で敵潜水艦の雷撃を受け撃沈される。

（チ）「初鷹」

開戦直後からマレー半島攻略作戦に従事し、洋上哨戒などの攻略作戦の支援を展開する。その後ベンガル湾のアンダマン諸島やニコバル諸島攻略作戦、そしてビルマ方面への兵力輸送の護衛任務に従事する。作戦が一段落した後、ソロモン諸島方面の前進基地を中心に防潜網や機雷敷設を展開する。昭和十八年に入る頃からはマレー・ジャワ方面への輸送船団の護衛や対潜哨戒を展開する。しかし昭和二十年五月にマレー半島近海で敵潜水艦の雷撃で撃沈される。

（リ）「蒼鷹」

開戦直後のフィリピン攻略作戦で輸送船団の護衛や上陸地点海域の対潜哨戒や警戒任務を行なう。その後、蘭印諸島への侵攻作戦において同じく上陸作戦の支援を展開する。その後はもっぱら船団護衛任務に多用されたが、昭和十九年九月にボルネオ島北部海域で敵潜水艦の雷撃を受け撃沈される。

（ヌ）「若鷹」

開戦直後からフィリピン、ボルネオ島、ジャワ島などの攻略作戦で船団護衛と対戦哨戒や警備など上陸作戦支援を展開する。その後ソロモン諸島におけるガダルカナル島攻防戦の期間中は増援部隊や物資輸送の船団護衛に従事する。その後ニューギニア北岸の拠点基地に対する物資輸送船団の護衛を繰り返す。

この間の活動の拠点基地は主にジャワ島のスラバヤであった。その後昭和二十年三月にジャワ島北部海域で敵潜水艦の雷撃を受け艦首を切断されるが沈没はまぬかれ、スラバヤで応急修理後日本に帰還するが、戦後解体される。

以上のように日本海軍の正規敷設艦や敷設艇は本来の機雷敷設に専念するのは戦争初期の一時期で、以後の大半は機雷敷設よりも輸送や船団護衛用の艦艇として運用されていたのが際立った特徴である。

第二章　工作艦

日本海軍の工作艦とその存在意義

太平洋戦争中の日本海軍の工作艦の働きは、正規工作艦、特設工作艦を問わず前進基地での海軍工廠の役割を存分に果たし、損傷艦艇の早急の修理を展開し、陰の主力艦ともいうべき極めて重要な艦であった。

日本海軍の工作艦の歴史は意外に古い。明治二十七年（一八九四年）八月に勃発した日清戦争において、日本海軍は徴用商船を改造し二隻の工作艦を保有していた。ただ当時の工作艦は後の工作艦のように様々な工作機械や修理設備、さらには多岐にわたる修理材料を整えた海上の工廠とは大きく異なるものであった。

この二隻の商船は明治元年（一八六八年）と明治五年にイギリスで建造された総トン数二一七八トンと一三三八トンの小型貨物船で、日本郵船社が近海航路用に中古船で購入したものであった。日本海軍はこの二隻に簡単な改造を施し特設の工作艦に仕立てたのである。この二隻の任務は日本海軍が実戦用として就役させて間もない水雷艇（二〇〇～三〇〇トン程度の小型艇）の保守・修理を担当することにあった。

その後日露戦争において日本海軍は、明治三十七年四月に拿捕したロシア貨客船マンチュリア（基準排水量一万トン、一九〇〇年にデンマークで建造）を特設工作艦に改造し、この艦を関東丸として運用した。その後の関東丸は大正九年に工作艦「関東」として類別され、日本海軍最初の正規の工作艦となった。

しかし本艦は大正十三年（一九二四年）十二月に越前海岸に座礁して失われ、以後日本海軍には約一五年間、工作艦は存在しなかった。ただ工作艦が存在しなくともこの間に日本海軍の艦艇が実戦で遠征することもなく、主な行動範囲が日本近海に限られていたために修理などは最寄りの海軍工廠で行なえるため、特別に工作艦を準備する必要はなかったのである。

しかし昭和十年頃から状況に少しずつ変化が生じ始めたのだ。それは日米間で緊張感が芽生えると、日本の委任統治領であるカロリン諸島やマーシャル諸島を含む内南洋の防備に際し、その前進基地をこれら諸島内に設ける必要が生まれ、海軍はその拠点としてトラック諸島を重視していたのであった。

ここに至り日本海軍は仮想敵国とするアメリカの攻撃に備え、この前進基地に艦艇の修理も可能な基幹基地を整えることを決め、艦艇の修理に必要な工廠を整備する代わりに、設備

関東

の充実した工作艦の建造を計画した。そして昭和十二年（一九三七年）に最新設備を持つ大型工作艦の建造を決めたのである。

ただ有事に際してはこの工作艦一隻では不十分と考え、さしあたりある程度の修理能力を持つ工作艦一隻を準備することにした。それはあくまでも補助的な工作艦であり新造するものではなく、既存の艦船を工作艦に改造することで補うことにし、旧式戦艦一隻を工作艦に改造することで当面の対策としたのであった。

このとき工作艦への改造に選ばれたのが日露戦争当時の主力戦艦「朝日」である。本艦は、明治三十三年（一九〇〇年）にイギリスのジョン・ブラウン社で建造された戦艦で、著名な戦艦「三笠」の姉妹艦である。

本艦のすべての武装は撤去され、その空所は各種工作室に転用され新たに機材運搬用のデリックなどが設けられ、工作艦としての一応の機能を整えて、新鋭工作艦の完成後までその役目を果たすことになった。

一方新鋭の工作艦は「明石」と命名され、昭和十四年に佐世保海軍工廠で完成した。基準排水量九〇〇〇トン、全長約一五五メート

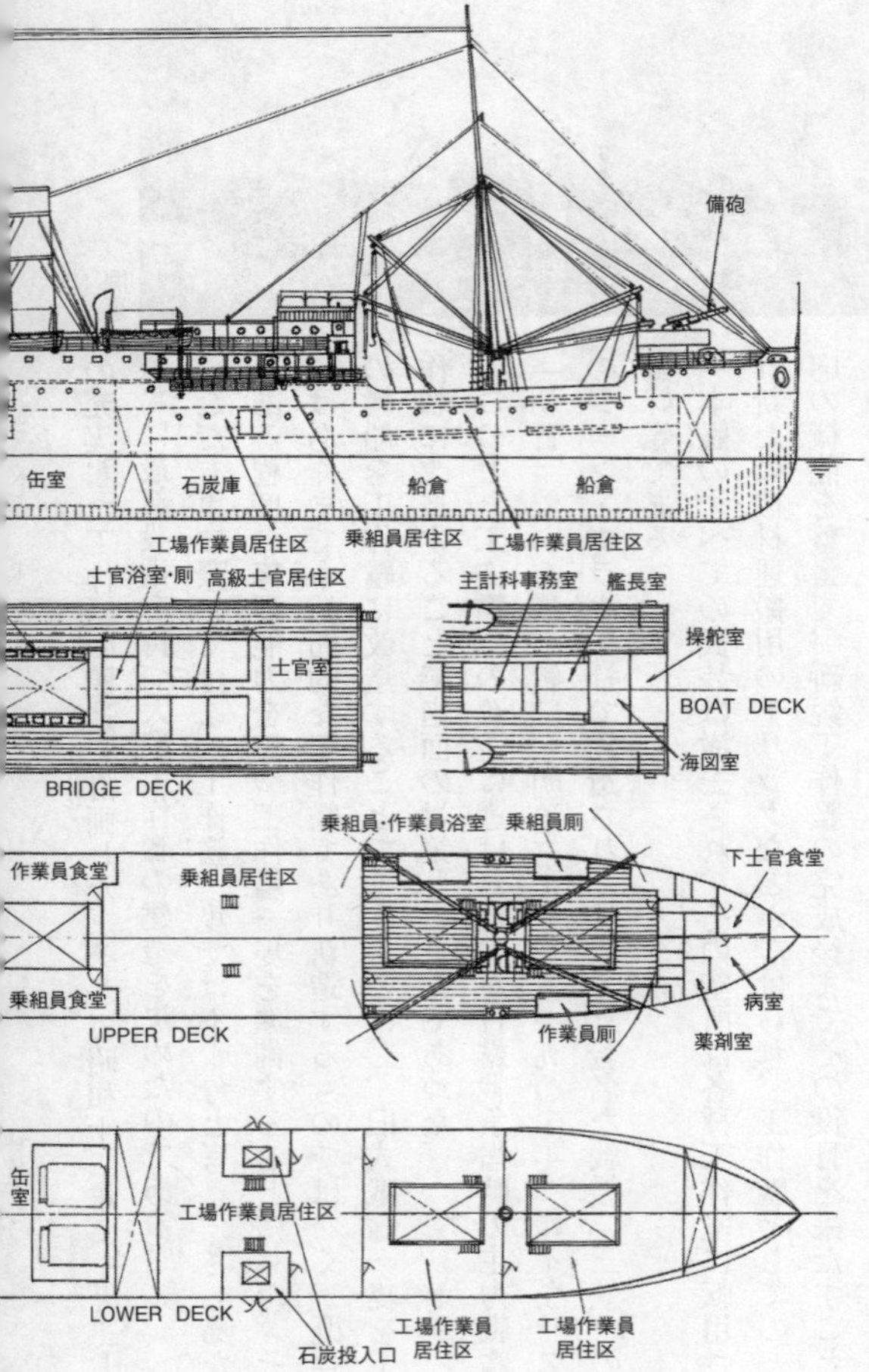
備砲
缶室
石炭庫
船倉
船倉
工場作業員居住区
乗組員居住区
工場作業員居住区
士官浴室・厠
高級士官居住区
主計科事務室
艦長室
士官室
操舵室
BOAT DECK
海図室
BRIDGE DECK
乗組員・作業員浴室
乗組員厠
下士官食堂
作業員食堂
乗組員居住区
乗組員食堂
UPPER DECK
作業員厠
病室
薬剤室
缶室
工場作業員居住区
LOWER DECK
工場作業員
居住区
工場作業員
居住区
石炭投入口

第22図　工作艦関東

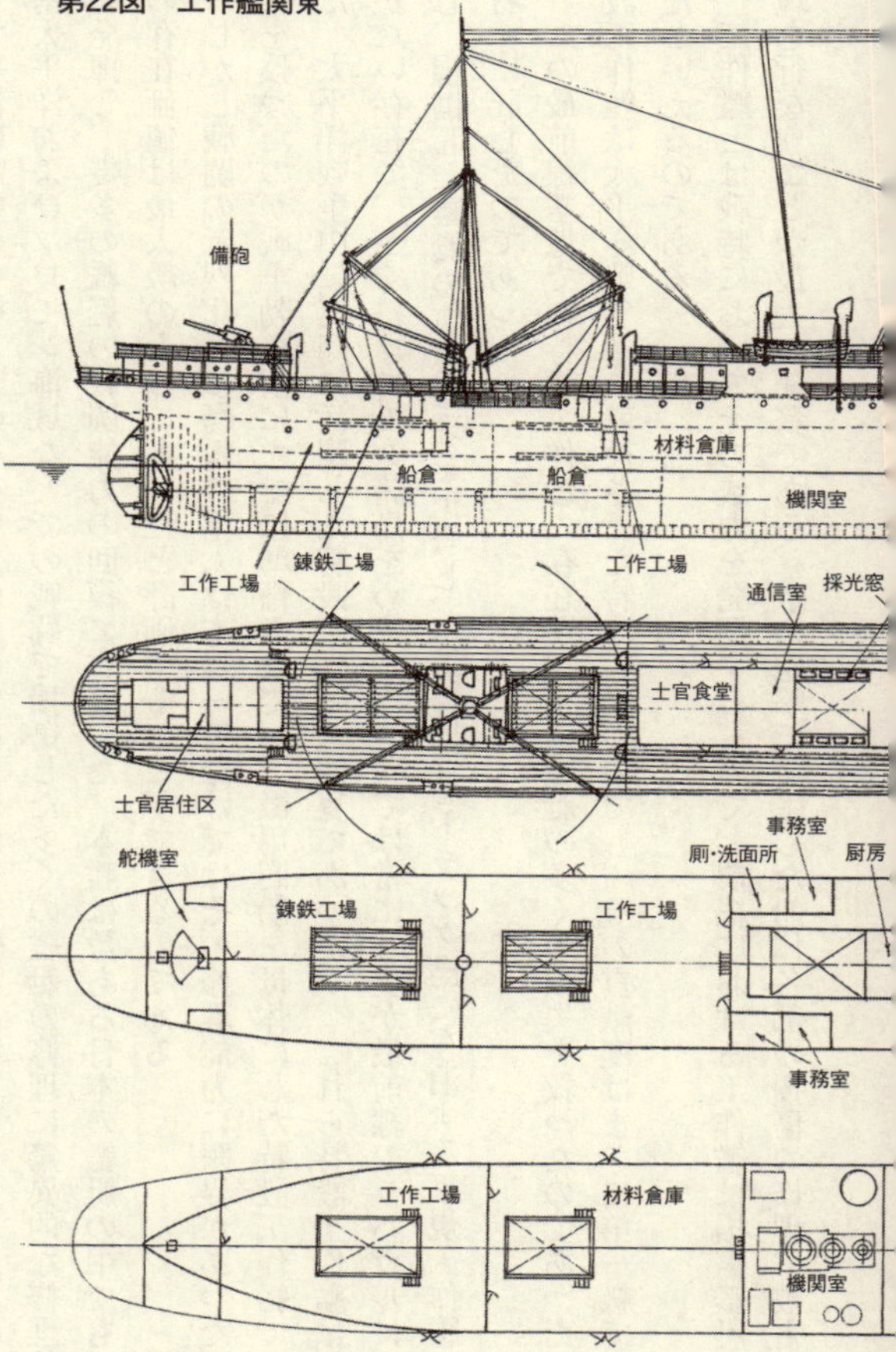
備砲
材料倉庫
船倉
船倉
機関室
錬鉄工場
工作工場
工作工場
通信室
採光窓
士官食堂
士官居住区
事務室
舵機室
厠・洗面所
厨房
錬鉄工場
工作工場
事務室
工作工場
材料倉庫
機関室

ル、全幅約二〇メートルというこの大型工作艦は、当時の世界の海軍の工作艦でも最大規模の艦で、工作艦として最高の修理能力を発揮すると予想されていた。

太平洋戦争中の「明石」の存在価値は極めて高かった。本艦は主にトラック基地に在泊し、南太平洋およびソロモン海域などでの戦闘で損傷した多くの艦艇の修理に驚異的な修理能力を発揮し、幾多の艦艇の戦闘能力の回復に貢献した。本艦は数ある日本の艦艇の中でも、その存在価値は最大級のものであったと評価することができるのである。

しかし戦闘の苛烈化と損傷艦の増大は本艦一隻だけではその修理能力に限界があった。これを救ったのが戦争勃発前にすでに準備されていた徴用商船を母体にした特設工作艦であった。太平洋戦争中に実際に活躍した特設工作艦は四隻であったが、これら特設工作艦は侮りがたい存在で、とくにソロモン諸島をめぐる攻防戦では常に一隻が最前線のラバウルに在泊し、損傷した艦艇の応急修理を担当し、本格修理をトラック島に在泊する正規工作艦「明石」に託したのであった。

この最前線基地での特設工作艦の存在が、損傷艦艇の多くの損失を救ったのであった。特設工作艦は太平洋戦争中に就役させた特設艦艇の中でも、その貢献度はまさに第一級であったといえるのである。

工作艦とは戦時においてその威力を発揮するもので、前線における工作艦は損傷艦艇の修理を行なうことが最大の任務である。敵の砲撃で発生した船体各部の損傷の修理、被雷や触雷により沈没に瀕した艦艇の艦底や舷側の修理、損傷した構造物の修理、損傷した火砲の修理や交換、航海機器類の修理、機関の修理、各種艤装品の修理や交換など、その内容は多岐にわたる。

したがって工作艦には各種板金加工、鍛造精密工作が可能な設備と材料を備えている。つまり特設工作艦は「最前線における修理工場」、正規工作艦は「前進拠点基地に準備された海軍工廠」と例えることができるのである。実際にその修理能力は「明石」級の正規工作艦三隻は一つの海軍工廠に匹敵すると称されるほどであった。

日本海軍の正規工作艦とその構造と実力

日本海軍が正規工作艦の建造を本格的に検討し始めたのは昭和八年（一九三三年）頃からであった。そして翌昭和九年には海軍艦政本部で正規工作艦に関する基本的仕様の検討が開始されている。しかしこのとき日本海軍は世界の主要海軍の工作艦がどの程度の規模と実力を持つものかその実態を知らず、アメリカ海軍やイギリス海軍に当時在籍していた正規工作艦の情報入手に多くの努力を払うことになった。

そうした中で日本海軍がとくに注目した工作艦がアメリカ海軍の工作艦メデューサであった。「明石」の設計に際しては集められたメデューサの情報が大きく役立ったとされている。但し日本海軍は最終的には、この艦より進化した日本独自の工作艦を建造することに腐心したのであった。

日本海軍最初の工作艦「明石」は昭和十二年（一九三七年）一月に佐世保海軍工廠で起工された。そして完成は昭和十四年七月であった。

工作艦「明石」の基本要目は次のとおりである。

基準排水量　九〇〇〇トン
公試排水量　一万五〇〇〇トン
全長　一五四・七メートル
全幅　二〇・五メートル
吃水　六・三メートル
主機関　三菱MAN式ディーゼル機関二基（二軸推進）
最大出力　合計一万馬力
最高速力　一九・二ノット
武装　一二・七センチ連装高角砲二基
　二五ミリ連装機銃二基

本艦は艦内の各種工作工場などの配置と作業工程を考慮し、艦内容積の拡大を図るために

明石

艦首にわずかのシーア（船首から船尾に至る甲板に設けられた弓なりの曲線）を持つだけの乾舷の高い完全な平甲板型（フラッシュデッキ構造）となっている。艦首部と艦尾部には乗組員と工員合計七七九名（内工員四四三名）の居住区が設けられ、機関室は艦尾に設けられた完全な船尾機関型となっている。

そして船体の中央部（船体全容積の約六〇パーセント）は各種工場や材料倉庫で占められ、極めて利便性の高い配置となっている。上甲板上には二三トン重量物用クレーン一基、一〇トン大型クレーン二基、五トンクレーン二基が配置され。甲板上には各工場への修理品や部材の搬入、そして完成修理品の搬出用のハッチが数ヵ所配置されている。また修理機材や修理部品の受け渡しに使われる三〇トン運貨艇一隻が甲板上に搭載されている。

「明石」艦内は五層の甲板で構成されており、上部二～三層の甲板に各種修理工場が配置され、下部の二～三層の甲板は各種修理材料や部材・部品倉庫となっている。艦内に配置された工場とその面積そして配置機械の数は次のとおりである。

第一機械工場　五一〇平方メートル　四二台

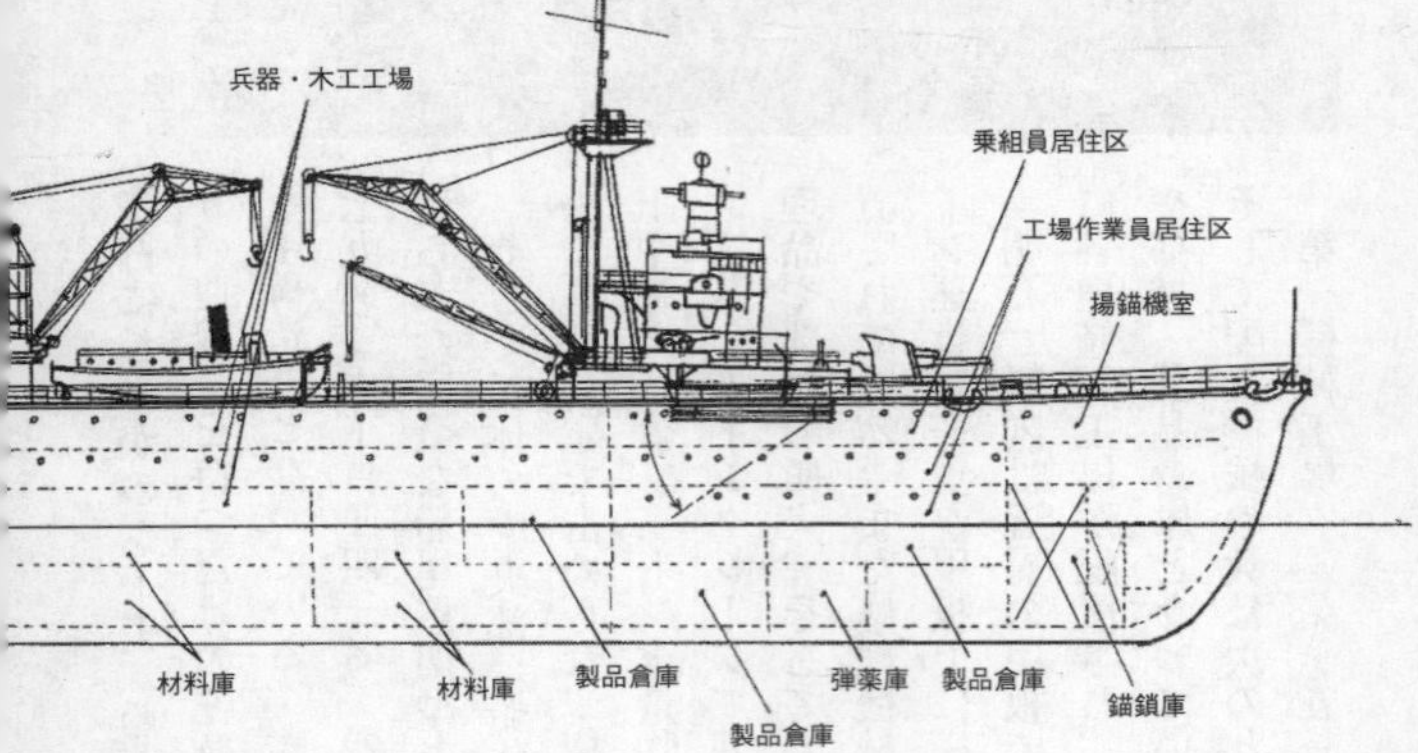

兵器・木工工場
乗組員居住区
工場作業員居住区
揚錨機室
材料庫
材料庫
製品倉庫
製品倉庫
弾薬庫
製品倉庫
錨鎖庫

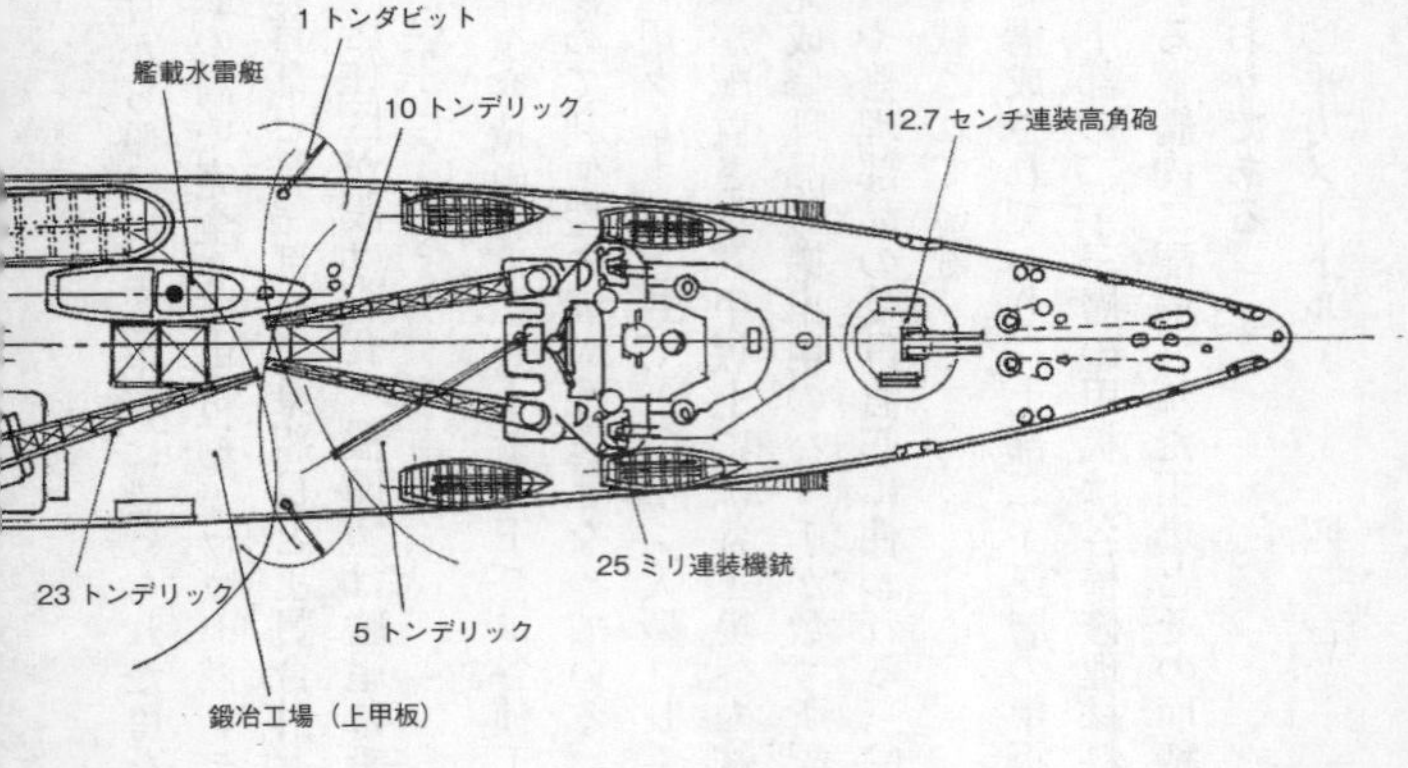

1トンダビット
艦載水雷艇
10トンデリック
12.7センチ連装高角砲
25ミリ連装機銃
23トンデリック
5トンデリック
鍛冶工場（上甲板）

第23図　工作艦明石

基準排水量　9000トン
全　　　長　154.7m
全　　　幅　20.5m
主　機　関　三菱MAN式ディーゼル機関2基
最大出力　10000馬力（合計）
最高速力　19.2ノット

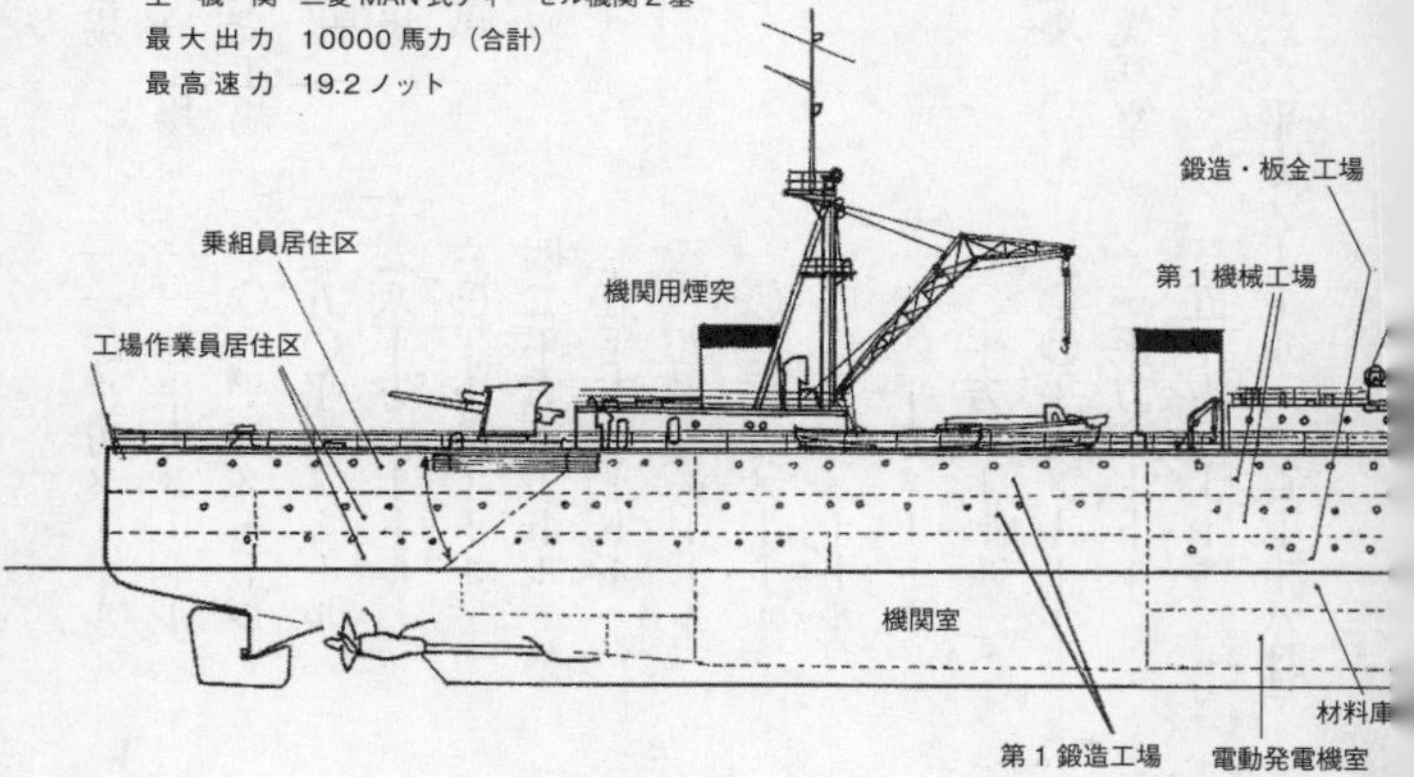

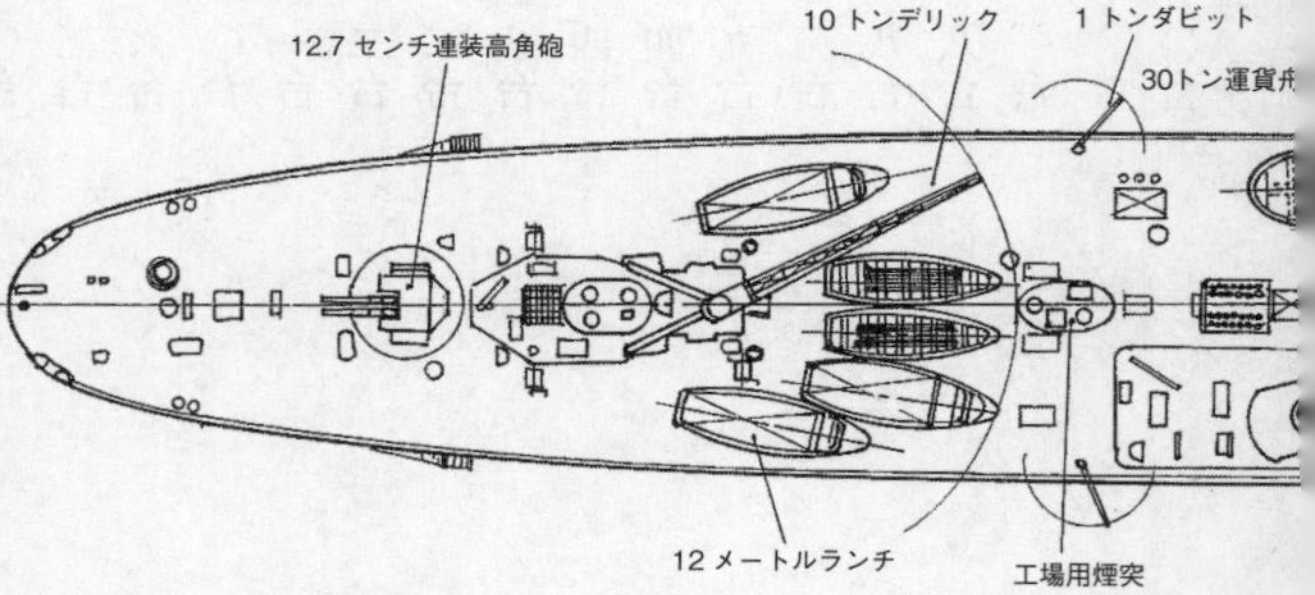

第二機械工場	一一〇平方メートル	二〇台
第一仕上組立工場	一三〇平方メートル	二台
第二仕上組立工場	一〇〇平方メートル	六台
第一鍛造工場	二五〇平方メートル	一〇台
第二鍛造工場	五八平方メートル	一台
第三鍛造工場	六〇平方メートル	二台
焼入工場	四二平方メートル	二台
鍛冶工場	七五平方メートル	一八台
板金工場	三〇五平方メートル	一四台
鋼細工工場	一〇〇平方メートル	四台
溶接工場	一〇〇平方メートル	九台
木工工場	一七〇平方メートル	一三台
兵器工場	八〇平方メートル	八台
電気部品工場	一〇〇平方メートル	八台
図面成作・複写室	一一平方メートル	一台
工具室	三五平方メートル	
合計	二二三六平方メートル（六百七十八坪）	一六〇台

本艦には当時としては最高級・最新の工作機械が多く配置されていた。この中の多く、例えば縦ターレット旋盤、正面中グリ盤、縦削盤、カム研磨盤などは、本艦に配置するためにドイツから新たに輸入した最新型の高級工作機械とされている。海軍の本艦に対する期待の大きさがうかがえるものといえる。各工場に配置された工作機械の種類と台数は次のとおりである。

普通旋盤	二七台（一部ドイツ製）
縦ターレット旋盤	一台（ドイツ製）
縦旋盤	一台（ドイツ製）
ボール盤	七台
正面中グリ盤	一台（ドイツ製）
フライス盤	六台（一部ドイツ製）
形削盤	三台
縦削盤	一台
歯切盤	三台
内面研磨盤	一台
研磨盤	二台

カム研磨盤　一台（ドイツ製）
工具研磨盤　三台
螺旋切旋盤　二台
鋸盤　一台
センタリングマシン　一台
錐研磨盤　一台
合計　六二台

これら工作機器以外に強力な救助用移動式排水ポンプ一三台が用意されており、沈没の危機に瀕している損傷艦艇の浮揚作業を迅速に行なえる準備も整えられていた。

これら各工場に配属された作業員は、士官や下士官相当の監督・職長級の人員を含め、全てが国内四ヵ所の海軍工廠から派遣されたベテランで構成されていた。

このような完備された工場と装置と人員が配置された工作艦「明石」の一隻の修理能力は、平時において国内四ヵ所の海軍工廠が行なう修理・修繕作業量の四〇パーセントに相当するものと想定されていた（四工廠の年間修理・修繕工数の平均は三五万工数とされており、「明石」は年間一四万工数を消化することが可能であった）。

「明石」が太平洋戦争勃発を前にして完成し、そして前線基地と想定していたトラック島に配置したことは、海軍にとっては以後の作戦の展開に際しての大きな保障を確保したことに等しかったのである。

「明石」は昭和十四年七月の完成後、直ちに連合艦隊付属として呉鎮守府配置となった。そして呉海軍工廠と一体となった艦艇の修理・補修を展開したが、その時点ですでに非凡な修理能力を発揮したとされている。

日本海軍は太平洋戦争前に旧式戦艦「朝日」を改造して工作艦「朝日」（正規工作艦に位置づけられている）を用意していたが、本艦の修繕・補修能力は「明石」にはとうていおよばず、あくまでも補助的な存在であった。工作艦「朝日」は昭和十五年十一月に工作艦として就役し、シンガポール攻略後は同地に進出し、艦艇の修理を実施していた。しかし昭和十七年五月、日本へ補給に向かう途中、インドシナ半島沿岸で敵潜水艦の雷撃を受け撃沈された。

日本海軍の特設工作艦

日本海軍は太平洋戦争を前にして、作戦海域の拡大にともなう工作艦の絶対的不足が懸念されるため、商船を徴用し工作艦として準備した。

太平洋戦争中に日本海軍が準備した特設工作艦は合計五隻であった。しかしこの中で実際に工作艦として使われたのは三隻で、他の二隻は就役期間が極めて短期間で工作艦としての実績はほとんどない。

特設工作艦に指定された商船はいずれも六〇〇〇総トン級の大型貨物船で、各船ともにその貨物艙の総床面積は二〇〇〇平方メートルに達する。その中の半分に相当する約一〇〇〇平方メートルは各種機材や部品倉庫および作業員の居住区域として使われ、残る約一〇〇〇平方メートルが、第二甲板を中心に各工場として準備されるのである。そして工場は板金、工作、組立、鍛造、機械修理などに区分され、主に第二甲板が使用される。

こうした工場は艦内ばかりでなく上甲板も工作・修理の作業場として使われ、既存のデリックの一部は補強され一五〜二〇トンデリックブームが取り付けられた。そして修理すべき重量物の甲板上への移動に使われ、上甲板は船内工場を補う作業場として使われたのである。

特設工作艦は工場の規模や工作内容は「明石」と比較すると格段に劣るが、応急修理がこなせる程度の工作・修理能力を持っており、損傷艦艇の急場をしのぐ修理を行なうのに十分な実力を持つことになるのである。

実戦の場ではこれら特設工作艦は最前線の拠点基地に配置され、損傷した艦艇の応急修理を行ない、本格的修理が必要な艦艇はトラック基地まで回航され、「明石」に託す方策がとられていた。つまり特設工作艦の最大の任務は陸軍の野戦病院に相当する機能を果たしていたことになり、これにより多くの艦艇が沈没をまぬかれ、そして前線への早急な復帰が可能になったのである。

特設工作艦一隻の修理・修繕能力は、正規工作艦「明石」の三〇～四〇パーセントと判断されていたのであるが、それでも最前線での応急修理には欠かせない艦であったことに間違いはないのである。特設工作艦は日本海軍が採用した特設艦艇の中でもその存在価値が極めて高かった艦と評価できるのである。

別図に特設工作艦山彦丸のおよその艦内概念図を示す。本艦は山下汽船社のニューヨーク航路用に昭和十二年十二月に完成させた、総トン数六七九五トン、最高速力一七・五ノットの優秀貨物船である。本船は昭和十六年八月に特設工作艦として運用するために海軍に徴用された。

本船は直ちに必要改造工事が行なわれたが、その中で最大の工事は船首第一から第三までの船倉に新たに床が新設されたことである。これは配置される工場の面積の拡大に必要なもので、工場面積はこれにより約三六〇平方メートル増加することになった。そしてここには鍛冶工場、鍛造工場、溶接工場が設けられ、工場全体の動力用の補機室も設けられた。また一部は鋼材、造兵、造機の部材倉庫として使われることになった。

船内には各種工場が配置されるとともに工場作業員の居住区域も新設され、上甲板は大型工作部品の加工・溶接・仕上工場として使われた。

また後部マストは三脚式に補強され二〇トン大型デリックが配置され、甲板上には二〇トン運貨船が搭載された。また「明石」の場合と同じく強力な排水ポンプも搭載され、瀕死の

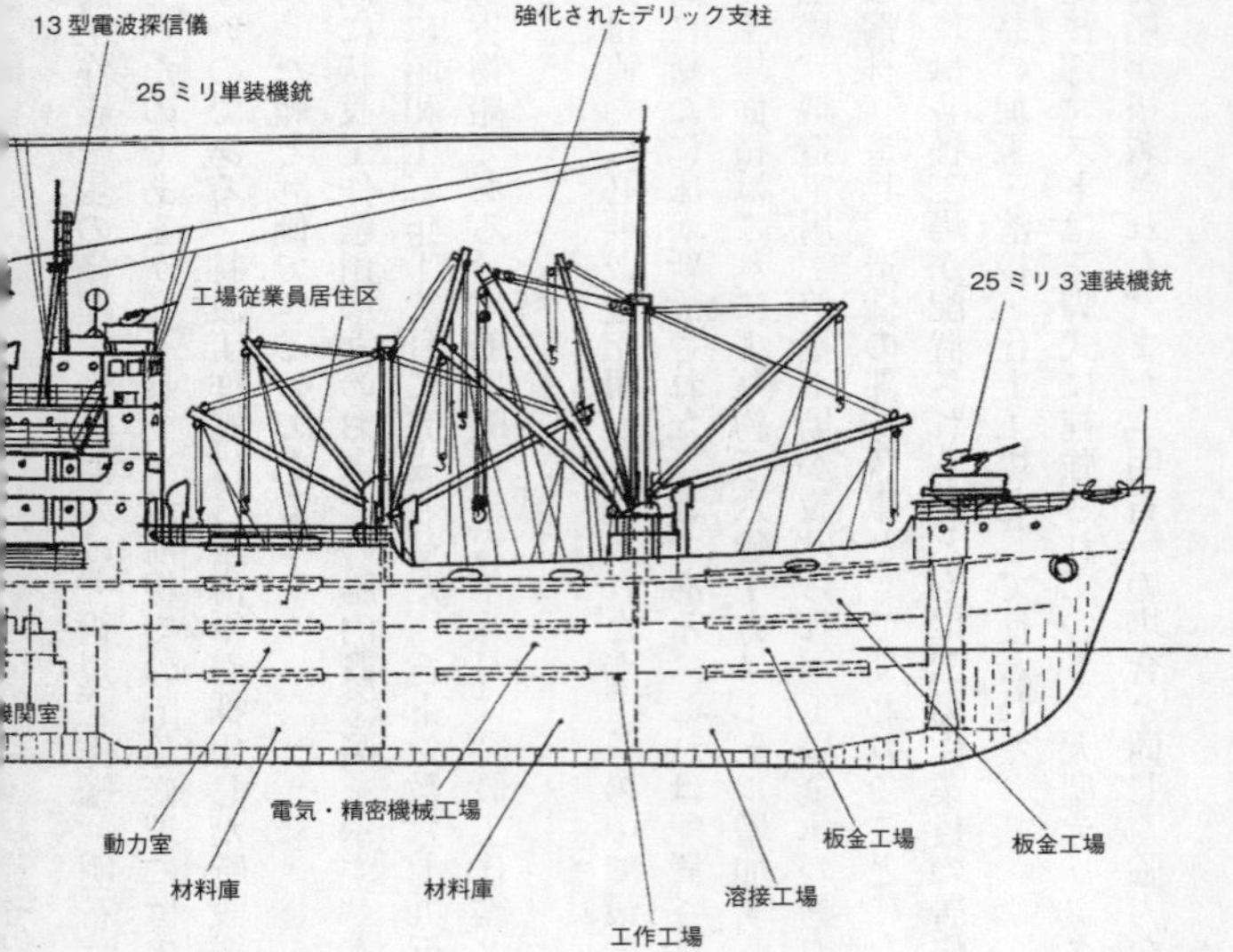

13型電波探信儀
25ミリ単装機銃
強化されたデリック支柱
工場従業員居住区
25ミリ3連装機銃
機関室
電気・精密機械工場
動力室
材料庫
材料庫
板金工場
板金工場
溶接工場
工作工場

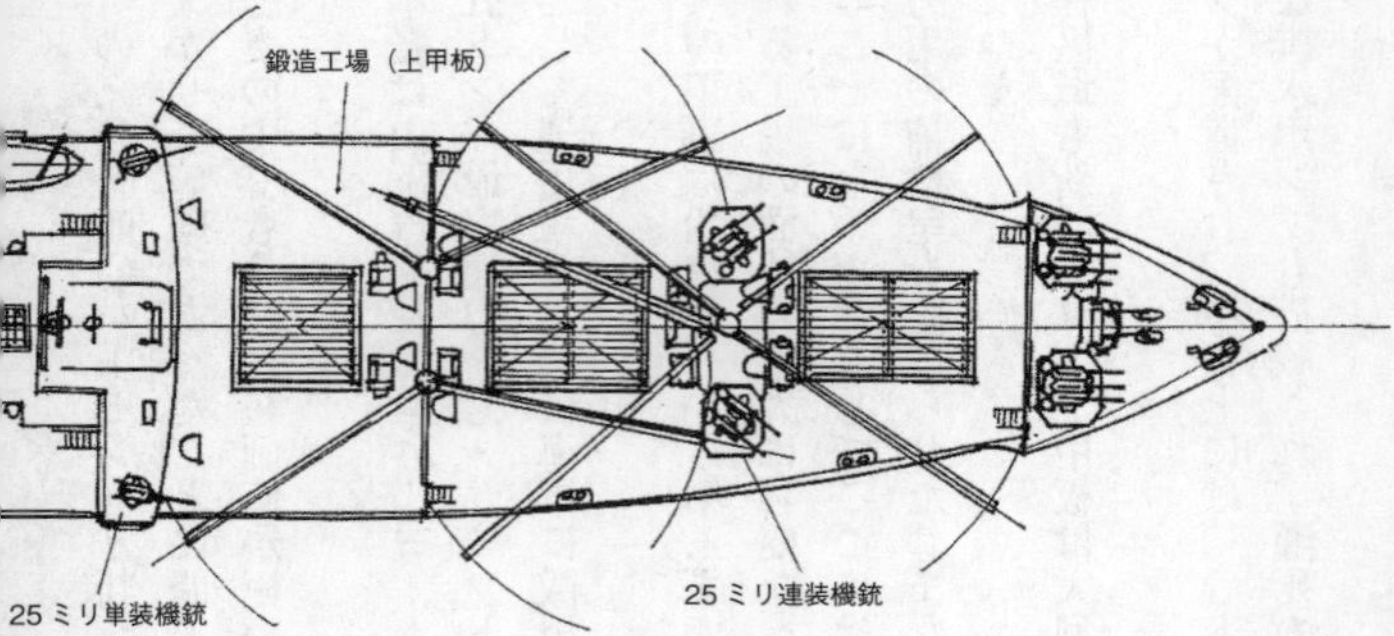

鍛造工場（上甲板）
25ミリ単装機銃
25ミリ連装機銃

第24図　特設工作艦山彦丸

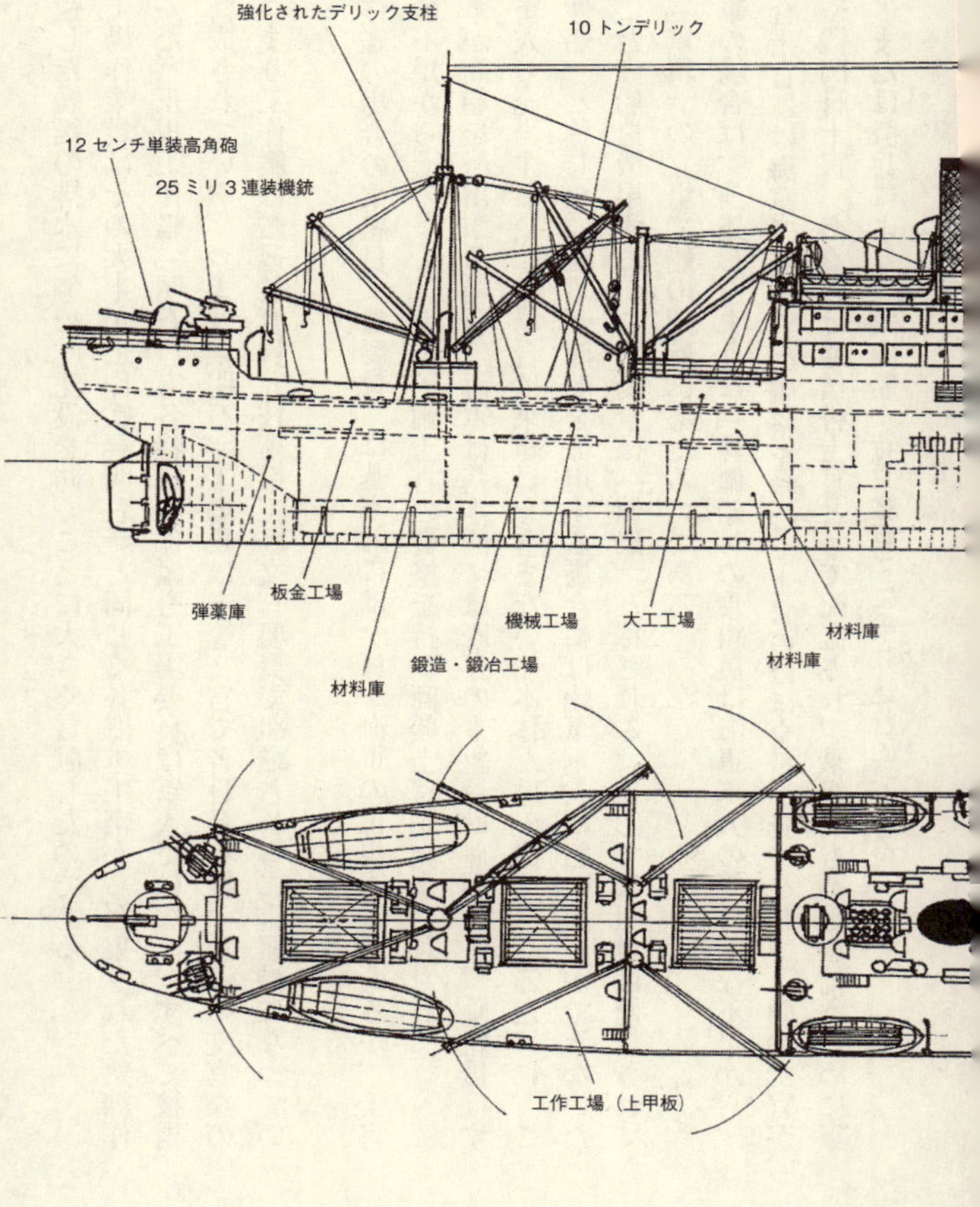

状態で帰還した艦艇の排水に努め、沈没を防ぐことに大きく貢献したのである。

本艦の工場作業員はその大半が工作艦「明石」と同じく各海軍工廠から召集された熟練作業員であった。正規工作艦「明石」も各特設工作艦も工場要員は軍人ではなく、すべて技術系文官で構成されている。つまり「明石」工場長は高等文官で各科長も技手などの文官なのである。つまり工作艦は艦運航要員と技術系工場文官要員で組織される二重組織になっていたのであった。

特設工作艦の場合の乗組員（艦要員）は基本的には全員が海軍の正規軍人であるが、士官の絶対数の不足からその多くは海軍予備士官の資格を持つ商船士官が充当された。

本来、軍が商船を徴用する場合、海軍は基本的には既存の乗組員は雇用せず、乗組員はすべて海軍軍人で充当する。この場合は乗組員を含まない船本体だけの徴用となるために、これを「裸傭船」と称した。陸軍が商船を徴用する場合には陸軍軍人は船の運航ができないため乗組員ごと商船を徴用する。この場合は「傭船」と称される。そして乗組員は傭船されている間は「軍属」の立場で船の運航にあたるのである。

一方海軍の場合は、前述したように「裸傭船」の乗組員は海軍軍人の絶対的な不足から、多くの場合士官には海軍予備士官の資格を持つ（士官のほぼ全員が資格を持つ）商船士官が、航海士官や機関科士官、あるいは通信科士官として配置され、乗組員も不足を補うために軍属の立場、または徴兵により当該商船（特設艦艇）に乗り込むのである。

山彦丸はラバウルなどの最前線での任務が多かったために、搭載された対空火器は強力であった。装備された火器は、一二・七センチ単装高角砲一門、二五ミリ三連装機銃三基、同連装機銃二基、同単装機銃四梃（合計二五ミリ機銃一七梃）となっており、他に艦尾には爆雷投下台が設けられ爆雷も搭載されていた。さらに艦橋上には電波探信儀（レーダー）も装備されていた。このことは海軍が本艦をいかに重要視していたかを証明するものである。

海軍は開戦前に山彦丸とは別に一隻、開戦後に一隻の大型貨物船を徴用し特設工作艦として運用した。その中の八海丸（板谷汽船社、総トン数五一一四トン）は就役直後からラバウルに派遣され、山彦丸とともにソロモン諸島をめぐる海戦で損傷した艦艇の修理に活躍している。

工作艦の戦歴

工作艦は正規と特設を問わず、戦艦や巡洋艦などのように直接敵艦と対峙する軍艦ではない。本国の海軍工廠から遠隔の地にある各拠点基地に在泊し、損傷した艦艇の修理に専念することがその任務である。陸軍の野戦病院あるいは拠点病院に相当する、艦艇のための病院である。そのために工作艦は基本的には激しい戦闘を体験することはない（但しいずれの工作艦も最後には激しい敵の攻撃を受けて失われた）。

太平洋戦争勃発時点で日本海軍が保有していた工作艦は、正規工作艦が「明石」と「朝日」で、特設工作艦が松栄丸（松岡汽船・総トン数五六四五トン）と前述の山彦丸であった。

工作艦「朝日」は太平洋戦争勃発直前に日本を出発し、中国の海南島の三亜を経由しインドシナ半島のカムラン湾で待機態勢に入った。その後マレー半島、フィリピン諸島攻略作戦で損傷した艦船の修理を開始、その後戦域の拡大にともないシンガポールに移動、この地で展開中の蘭印方面の攻略作戦で損傷した艦船の修理を担当した。

しかし昭和十七年五月に資材などの補給のために日本へ帰還の途上、インドシナ半島沖合で敵潜水艦の雷撃を受け撃沈された。活躍わずか五ヵ月という短命の艦となった。艦齢すでに四〇年を超える老朽艦は構造的にも多くの弱点を持っており、一発の魚雷の命中でも致命傷になったのだ。

「明石」は太平洋戦争勃発直前にはすでにフィリピン諸島から東に一〇〇〇キロの位置にあるパラオ諸島で待機態勢にあった。フィリピン攻略の大船団および参加艦艇の損傷の修理に対する備えであった。そしてフィリピン攻略作戦が終了すると、フィリピン・ミンダナオ島のダバオに入泊し待機態勢に入り、同作戦で損傷した艦艇船の修理を展開している。

その後、昭和十七年四月にはニューギニア島の西方三〇〇キロの位置にある、バンダ海のアンボン島に入泊し、蘭印攻略作戦で損傷した艦艇船の修理を展開している。

「朝日」と「明石」の両艦が攻略作戦の直後にはこれら戦域内の拠点に待機しており、損傷艦船の修理を展開していたことは、海軍がいかにこれら工作艦を重要視していたかの証でもある。

「明石」は蘭印方面の攻略作戦が終了すると、船体の修理・点検と各種修理機材の補給のために一旦呉に戻る。そして昭和十七年八月にトラック島に拠点を構え、次に展開されるソロモン諸島方面の侵攻作戦に備えた。その直後からソロモン諸島方面、南太平洋方面では日米間の海戦が続発し、その損傷艦艇の修理に「明石」の奮闘が始まったのである。

このときソロモン諸島の拠点基地ラバウルには特設工作艦山彦丸と八海丸を交互に派遣し、第一線で損傷した艦船の応急修理を担当し、「明石」はより充実した修理を担当することになった。この連携修理が日本海軍のこの方面での艦艇の活動に大きく貢献したことは明らかであった。損傷した多くの巡洋艦や駆逐艦がこれら連携修理により前線に復帰している。この戦域での工作艦の存在は艦艇戦力の維持に貢献すること大であったのだ。

しかし昭和十九年二月の米機動部隊によるトラック島の大空襲で「明石」は損傷したが、持ち前の修理能力で自力復帰し、一旦パラオ島に後退した。しかし引き続くパラオ島空襲に際し、再び被弾、同島北西部の北水道付近で撃沈された。

特設工作艦三隻もすべて敵潜水艦の雷撃や敵艦載機の攻撃を受け被弾・被雷、沈没した。歴戦の八海丸は、昭和十九年一月の敵艦載機によるラバウル大空襲に際し、艦艇の修理中に被爆し沈没している。また、山彦丸も昭和十九年一月、伊豆諸島南方で敵潜水艦の雷撃で撃沈された。

日本海軍は特設工作艦の払底から昭和十九年に入り一隻の特設工作艦を準備したが、該当商船の絶対的な不足から、開戦直後にシンガポールで鹵獲した老朽貨物船白沙（一九一四年建造、総トン数三八四一トン）を昭和十九年五月に簡易工作艦に改装し運用したが、運用に耐えず、すぐに除籍している。そして昭和二十年七月に建造中の戦時標準型貨物船慶昭丸（飯野海運社、総トン数二六一一トン）を特設工作艦に改造することに決めたが、工事途中で終戦となった。日本海軍には昭和十九年五月以降は実質的には工作艦は不在となったのであった。

第三章　給油艦

日本海軍の給油艦

日本海軍において燃料に重油を使用する艦艇が増え始めたのは明治四十一年（一九〇八年）頃からであった。この当時、日本海軍で重油タンクの設備があったのは横須賀だけであった。この頃の日本全体の石油消費量はまだわずかで、重油は新潟県で産出される原油を精製し、鉄道の専用のタンク車に搭載され東京の隅田川貨物駅まで運ばれ、そこから専用の艀に積み替え東京湾を横断し横須賀貯蔵タンクまで運ばれていた。

その後石油の消費が増すにしたがい石油はアメリカからの輸入に依存するようになり、海運会社も中古油槽船を海外から購入し石油の輸入輸送にあてた。そしてこれらの石油の多くは海軍の艦艇用の燃料として使われたのであった。

大正三年（一九一四年）八月に第一次世界大戦が勃発し、日本海軍艦艇の地中海などへの派遣を含め遠洋への艦隊の遠征が増すにしたがい、日本海軍では艦隊随伴用の油槽船（給油艦）の建造を検討する必要に迫られた。そこで誕生したのが艦隊用給油艦兼油槽船「志自岐（シジキ）」である。本艦は艦隊に随伴するとともに、艦隊用燃料の重油をアメリカから輸送する任務にも運用された。

その後重油燃焼ボイラーの良好な運用実績から、日本海軍は艦艇のボイラーを次々と重油専焼ボイラーに切り替え、ついに昭和四年（一九二九年）に至り日本海軍は一部の例外を除き、原則としてすべての艦艇の燃料を重油に切り替えた。つまりレシプロ機関や蒸気タービン機関を動かすボイラーの燃焼はすべて重油専燃装置に切り替えられたのである。

重油燃料への全面切り替え以前、その使用量が増えるとともに、燃料を艦艇に補給するために、海軍は商船型給油艦一隻（初代「洲崎」）を建造し、また中古油槽船一隻を購入し給油艦（給油艦「野間」）として当面の対策としていたが、艦艇の全面重油燃料への切り替えに先立ち、海軍は大正七年（一九一八年）から大正九年にかけて一気に一〇隻の給油艦を建造したのであった。勿論この給油艦は艦隊給油の任務ばかりでなく重油の輸入輸送にも運用された。

これら一〇隻は「能登呂」級（基準排水量一万四〇五〇トン、総トン数七〇〇〇トン、最高速力一二ノット）と呼ばれ、民間油槽船によく似た油槽艦であった。そして海軍はこの一〇隻の給油艦を艦隊行動に際しての給油艦としてその後も運用していた。しかしこの一〇隻の給油艦の建造以後約二〇年間、海軍は正規の給油艦の建造をまったく行なわなかった。

ここで給油艦と民間油槽船との違いを少し説明する。

その基本的な違いは甲板上に装備される特別な装置の有無にある。給油艦が艦隊の各艦艇に給油を行なう場合、その多くは互いに航行する中での給油になる。そのために給油艦には民間の油槽船には見られない設備が施されている。それは例えば艦尾や艦中央部に装備された給油用の長い蛇管であり、またその受け渡しに必要な専用の大型のデリック、そして給油に不可欠な強力な重油圧送用のポンプである。

大正七年以来の二〇年間に、日本海軍の艦艇は急速に高性能な艦への発達を続けていたが、この高性能な艦艇の艦隊行動に旧式化した給油艦を随伴させるには、すでに多くの困難がともなうことになっていたのであった。

実はこの約二〇年の間に海軍が給油艦を建造しなかったのには理由があった。

当時すでに批准され実行に移されていたワシントン海軍軍縮条約の影響で、日本海軍はその後の日本海軍の戦力の構築に全力が払われていた。とくに主力艦の建造の見直しと新規建造に全力を集中している時期であった。そのために建造に緊急性を有しない、二次的存在とも考えられていた給油艦を含む特務艦の建造は後回しとする風潮の中にあったのである。

しかし海軍としても旧式化した現有の給油艦の代替について、決して無策であったわけではなかった。海軍は別途新鋭の給油艦の充足を考えていたのである。

その解決策が当時、国家的な施策として推進されていた事業にあった。昭和五年頃から日本政府は折からの不況を打開するための一策として、海運界の再構築を図ろうとして、新規の提案を国会に提示し、これが認められ早速、実行に移されることになった。

その内容は、老朽化の進む日本の海運各社の所有船舶を、政府の資金援助の下で優秀な高性能船舶に置き換え、各社スクラップ・アンド・ビルドの計画の下で新造船の建造を進め、同じく老朽化の進んだ船舶を抱える世界の海運界の中にこの新鋭船を投入し、日本を世界の海運業のリーダーとして君臨させようとするものであった。

政府はこの計画を「船舶建造助成施設」として昭和七年から実施に移した。その結果、日本の各海運会社は保有する老朽化した商船を破棄し、優秀な新造船の建造に邁進し、日本の海運界は急速な発展を遂げることになったのである。この実績を基に政府は昭和十年には新たにさらに進んだ「優秀船舶建造助成施設」を実行に移したのであった。この施策はより優れた各種商船の建造を行なう場合には、さらなる優遇策で遇する、というものであった。

しかしこの二つの施策、とくに後者の施策の実施に際しては、海軍の意向が多分に内包されることになったのである。つまりこの二つの施策で建造された商船は、有事に際しては「徴用」の義務を持つ。さらに後者の施策の適用を受ける多くの商船は設計段階で海軍艦政本部の指導を多分に受けるものとなったのである。

つまり海軍は建造される各船舶について、有事に際しどのような用途の特設艦船として運

高速油槽船極東丸

用するか、あらかじめ青写真ができていたといえるのである。

例えば優秀船舶建造助成施設の適用を受け建造された三井船舶社の高速貨物船淡路山丸や綾戸山丸などは、有事に際しては特設巡洋艦として転用ができるように、配置される砲座の位置があらかじめ定められ、補強された設計になっていた。

また日本郵船社の欧州航路用に建造された新田丸級大型客船（一万七〇〇〇総トン）や、同じく日本郵船社のアメリカ西海岸航路用に建造予定の橿原丸級大型客船（二万七〇〇〇総トン）、大阪商船社の南米航路用の客船ぶらじる丸級（一万二〇〇〇総トン）などは、有事に際しては海軍が購入し航空母艦に改造することが可能なように、あらかじめ各所に相応の構造の設計が行なわれていたのであった。

海軍は艦隊用給油艦として、これらの制度で建造される民間油槽船にあらかじめ焦点をあてていたのである。そしてとくに優秀船舶建造助成施設の優遇策で建造される大型油槽船に関しては、その規模、構造、速力などに設計段階で海軍艦政本部の意向が織り込まれていたのである。つまり海軍は給油艦の建造予算を計上してわざわざ建造しなくとも、有事に際しては新鋭の優秀給油艦が直ちに入手できる手段を講じていたのであった。

日本海軍はこの手段により太平洋戦争開戦の時点ではすでに二一隻の大型かつ高速の油槽船を潜在的に保有する状態になっており、その後も艦隊給油艦に転用可能な、開戦時に建造途中であった優秀輸送船と戦時設計型の大型油槽船と合わせ、さらに一一隻の優秀油槽船を保有することになったのである。

海軍はこれら多数の艦隊用給油艦候補（確約）が建造されている中で、昭和九年（一九三四年）に実行された第二次艦艇補充計画において、「各種任務に充当可能」な艦隊用の大型高速給油艦二隻の建造が別途認められていた。

しかしこの二隻は建造の途中で用途が変更され、最終的には小型航空母艦（「千歳」と「千代田」）として就役した。こうした状況の中で、太平洋戦争勃発直前に再び艦隊随伴用の多目的高速給油艦四隻の建造が計画され、建造が開始された。

しかし実際に建造されたのは二隻で、一隻は「風早」と命名され、昭和十八年三月に完成した。また一隻は「速吸」と命名され、昭和十九年四月に完成した。

この二隻は基本的には給油艦であった。しかし二隻の建造中に戦況は刻々と変化し、その中でこの二隻の建造計画の変更が続いた。そして最終的には基本は給油艦であるが変則的な用途に使われる給油艦として完成することになった。しかし、せっかく完成しながら計画された目的に使われることは一度もなく、戦争に貢献する機会もなく二隻は失われてしまったのである。

結局太平洋戦争中に日本海軍で最も活躍した給油艦は正規の給油艦は一隻もなく、活躍したすべては徴用された油槽船を母体にした特設給油艦であった。

なお日本海軍はこれら艦隊用給油艦以外に、機動部隊専用の航空機用燃料や爆弾・機銃弾等を補給することを目的とした軽質油給油艦四隻を建造した。しかしこの四隻も結局は所期の目的を果たすことなく失われてしまった。

日本海軍の正規給油艦

「知床」級給油艦

「知床」級給油艦は日本海軍が初めて一〇隻という大量建造を行なった艦隊用給油艦である。本級は当初は第一艦の艦名である「能登呂」を代表として「能登呂」級と呼ばれたが、その後本艦が水上機母艦として転籍したため、二番艦の「知床」の艦名を冠し「知床」級と呼ばれることになった。

本級給油艦の外観や構造は当時の商業用油槽船と変わるところは何もなかった。ただ外観では上甲板中央部や艦尾甲板に給油時に給油管（蛇管）を取り扱う大型のデリックポストとデリックブームが配置され、また給油管を操作するローラーなどが配置されているところに違いが見られる。また艦首と艦尾には一二センチまたは一四センチ単装砲が装備されていることに特徴がある。

「知床」級九隻の給油艦は厳密には「知床」型六隻と「隠戸」型三隻に分けられるが。その違いはわずかで取り立てて区分されるものではない。その後「知床」級の拡大型の「神威」が追加され一〇隻となっている。

「知床」級九隻と「神威」の一〇隻は太平洋戦争全期間の実質的な給油艦に位置づけられたが、開戦時にはすでに老朽化しており、実際に艦隊の給油艦として運用され戦闘に参加したことはほとんどなく、主に南方から石油を日本国内の海軍石油製造施設まで輸送する任務、あるいは南方石油拠点基地から艦隊の前線根拠地までの輸送などに運用された。そしてこの間に五隻が敵潜水艦の雷撃で撃沈され、四隻が敵航空機の攻撃で大破という結果となった。

「知床」級給油艦の基本要目は次のとおり。

基準排水量	一万四〇五〇トン
総トン数	七〇〇〇トン
最大燃料搭載量	九〇〇〇トン
全長	一三九・五メートル
全幅	一七・四メートル
主機関	三段膨張式レシプロ機関一基（一軸推進）

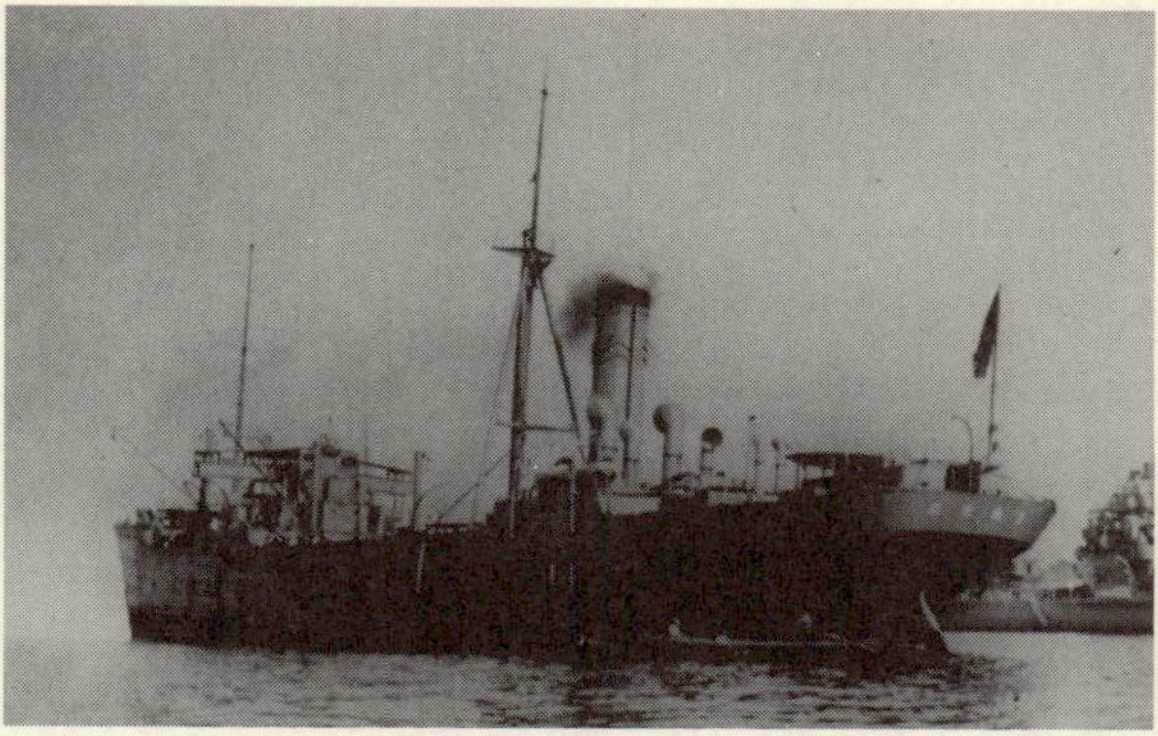

知床

最大出力　三〇〇〇馬力
最高速力　一二・五ノット
武装
単装砲二門　一二センチまたは一四センチ
姉妹艦　襟裳、佐多、鶴見、尻矢、隠戸、早鞆、鳴門、石廊

なお「能登呂」より以前の日本海軍最初の艦隊用給油艦「洲崎」の要目は次のとおり。

基準排水量　八八〇〇トン
最大燃料搭載量　一万五〇〇〇トン
全長　一二一・九メートル
全幅　一五・〇メートル
主機関　三段膨張式レシプロ機関一基
最大出力　六〇〇〇馬力
最高速力　一四・〇ノット

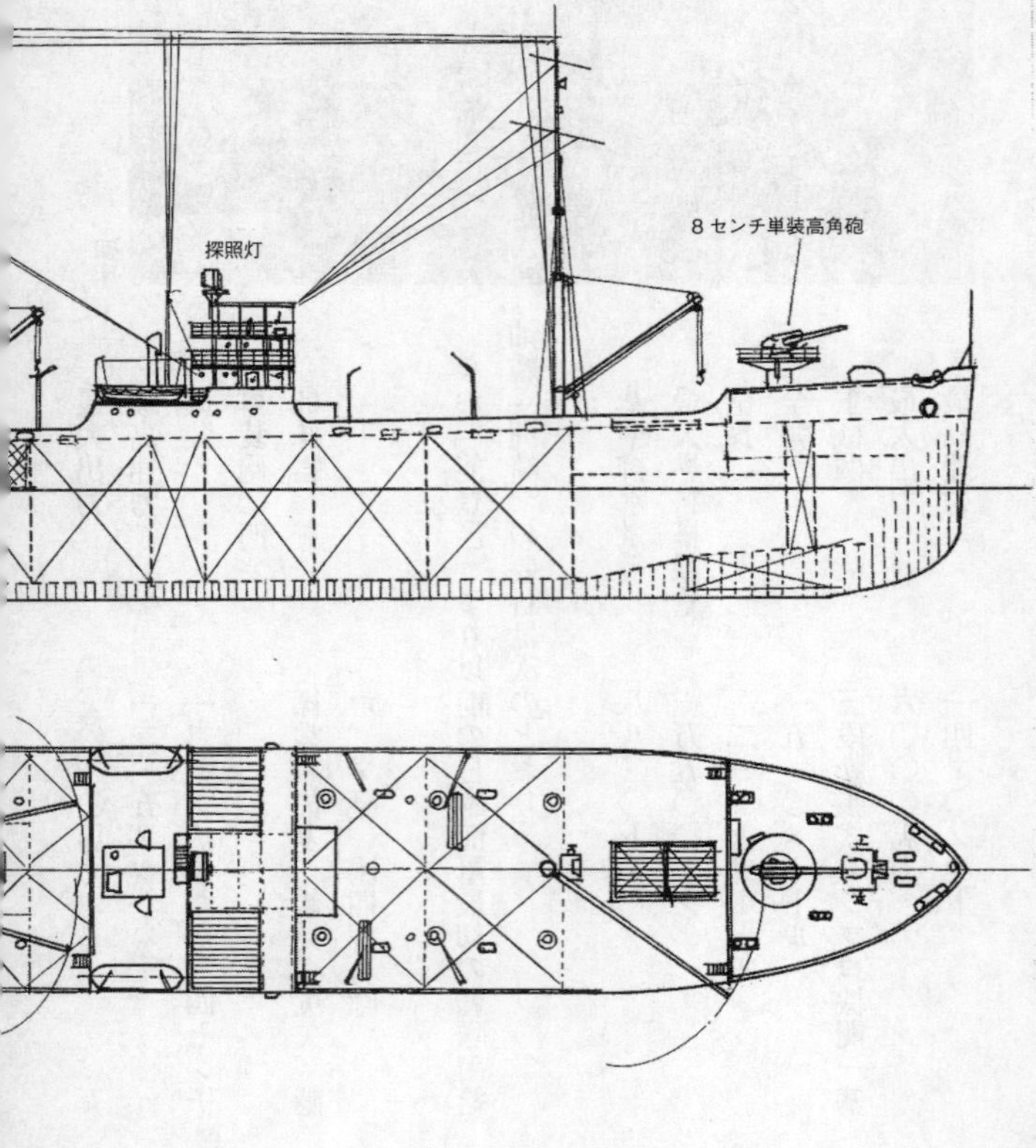

探照灯
8センチ単装高角砲

第25図　給油艦知床

基準排水量	14050トン
全長	139.5m
全幅	17.4m
主機関	3衝程レシプロ機関1基
最大出力	3000馬力
最高速力	12.5ノット
最大燃料搭載量	9000トン

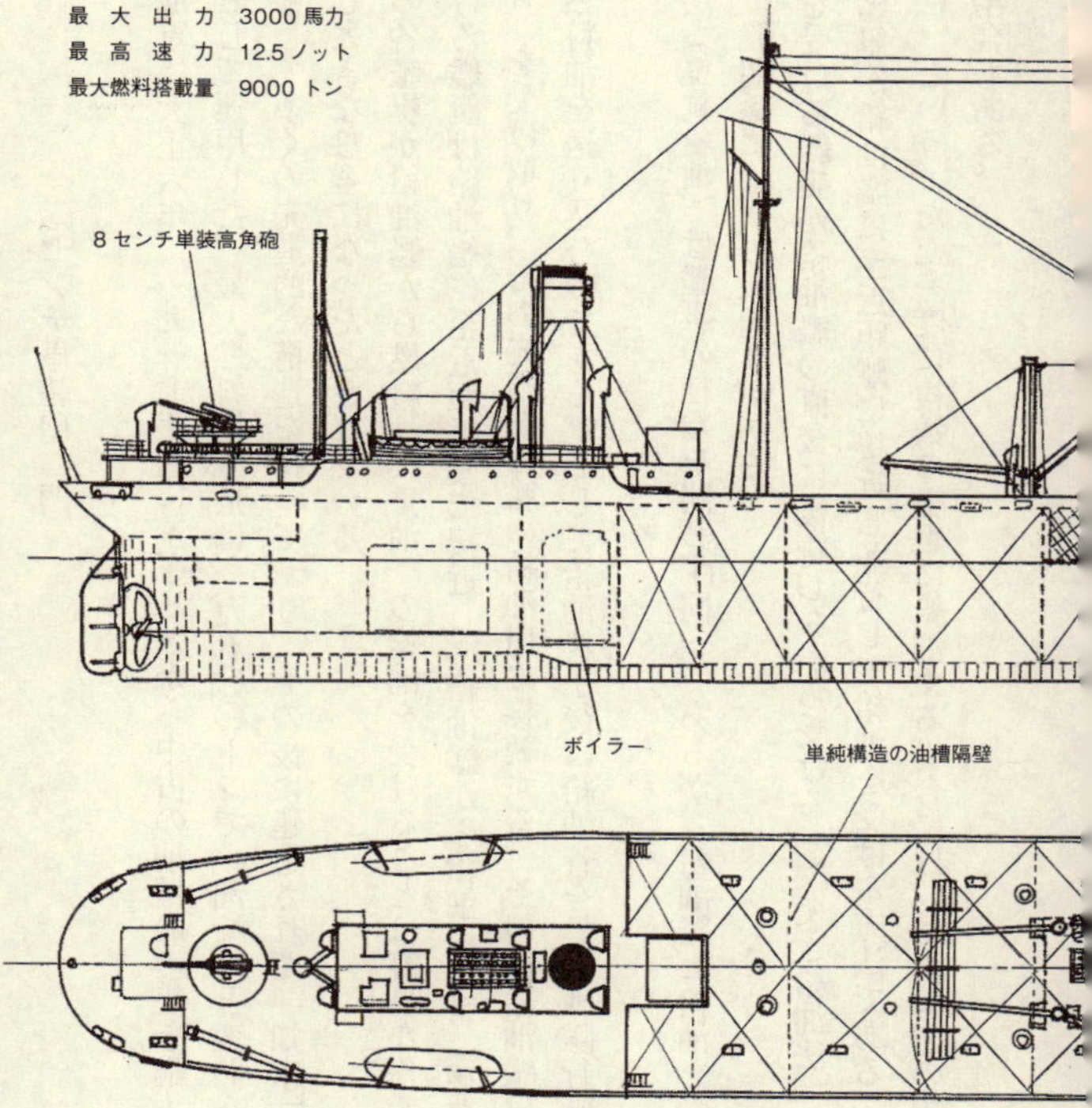

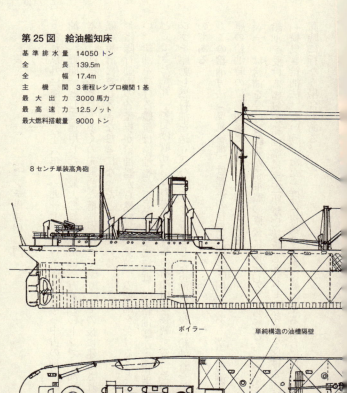

一二センチ単装砲二門

これ以外に海軍は大正六年（一九一七年）にイギリスから中古の油槽船一隻を購入し、給油艦「野間」として運用した。最大燃料搭載量は一万五〇〇〇トンで「洲崎」と変わらないが、本艦は油槽船として多くの先進的な構造を持っており、その後に建造された「知床」級給油艦の設計に際し大きな参考になったとされている。

艦隊行動中の各艦艇が給油艦から燃料油（重油）の給油を受けることは容易な作業ではない。給油を受ける艦艇は給油艦に至近距離まで接近し、給油艦から給油用の管（硬質ゴムなどでできた蛇管）を受け取り、その先端を自艦の給油口に接続する。その後給油艦は送油ポンプを駆動し燃料油を送り込むのである。そして給油終了後は給油管を外し戦隊行動に戻るのである。

この給油方法（曳航給油）は艦艇の種類を問わず同一であるが、給油艦と給油を受ける艦艇の給油時の位置関係には次の二通りがある。

一つは給油を受ける艦艇が給油艦の直後に後続しながら受ける「縦曳き給油法」、一つは給油を受ける艦艇が給油艦に至近距離に接近し並行して給油を受ける方法である。これを「横曳き給油法」という。ただ一度に複数の艦艇に給油する場合には、この両方の給油法を同時に行なう場合もある。

しかしいずれの方法も給油する側と給油を受ける側の二隻が、同一の速度で同一の距離を保ちながら航行しなければならず、とくに荒天気味の海上での給油は困難をともなう高度な操艦を強いられるのである。

給油の際の給油艦と給油を受ける艦艇の速力は一〇ノット前後で行なわれる。給油艦一隻あたりの供給能力は、燃料搭載量が九〇〇〇トンであれば駆逐艦三〇隻分、巡洋艦や航空母艦であれば七〜八隻分の給油が可能である。例えば真珠湾攻撃のときの日本の艦隊の規模は、戦艦二隻、大型航空母艦六隻、重巡洋艦二隻、軽巡洋艦一隻、駆逐艦九隻、潜水艦三隻という大部隊であった。このとき艦隊に随伴した給油艦の数は一万総トン級特設給油艦（重油搭載量一隻平均一万二〇〇〇〜一万三〇〇〇トン）八隻に達した。

この給油艦の規模は、合計二三隻の艦隊の往復一万四〇〇〇キロの行程には、絶対に欠かせないものだったのである。ここに給油艦の必要性が改めて認識されるのである。

給油艦「風早」

船舶建造助成施設や優秀船舶建造助成施設の適用を受けて建造された民間の高速大型油槽船は、建造後は主にアメリカ（カリフォルニア）からの輸入石油の輸送に運用されていた。しかし日米間の緊張が高まり戦争勃発の危機が迫ると、かねてからの計画どおりこれら油槽船は逐次海軍に徴用され、給油艦に必要な設備の改装を終えると、それぞれ連合艦隊付属の

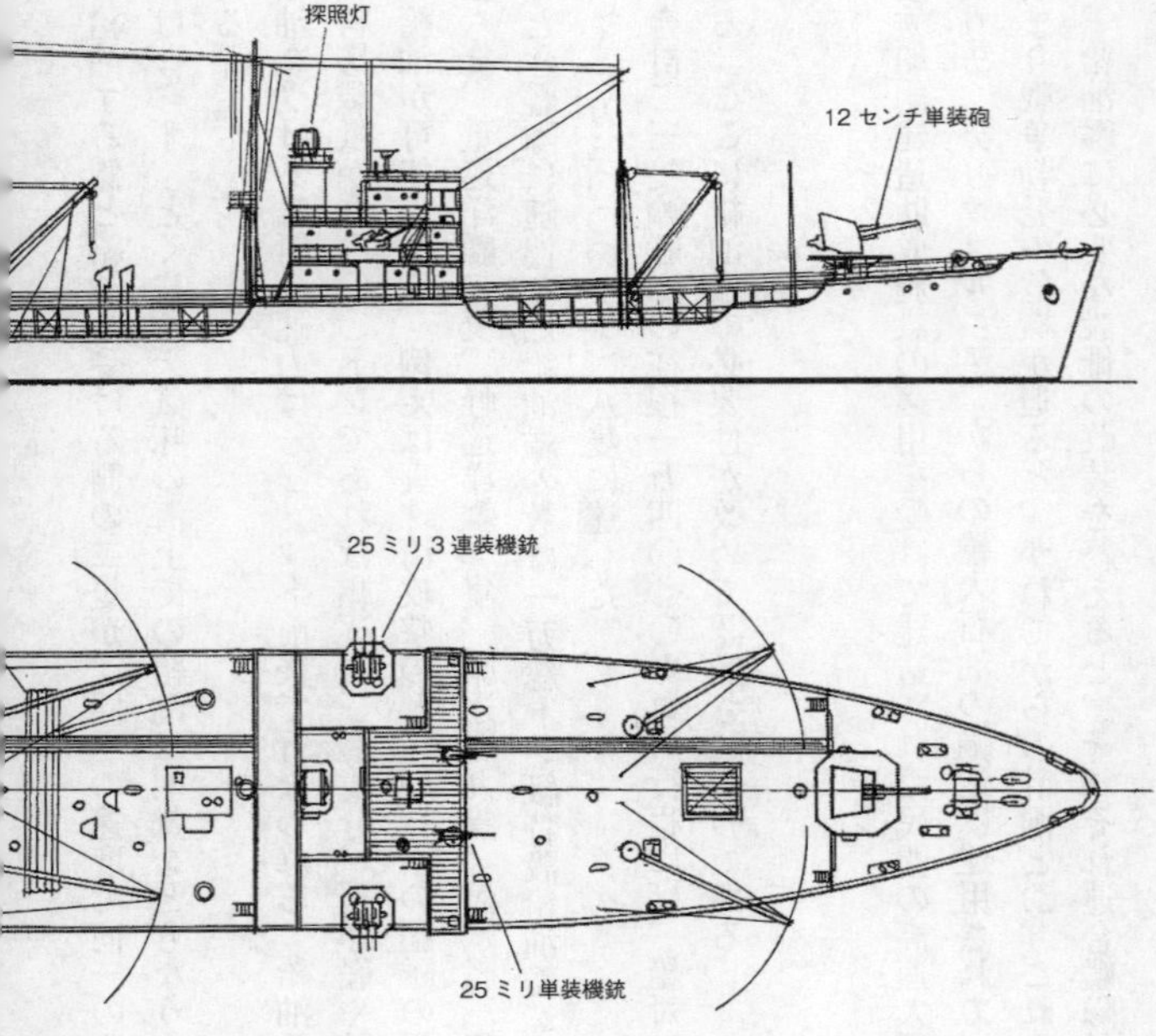

探照灯
12センチ単装砲
25ミリ3連装機銃
25ミリ単装機銃

第26図　給油艦風早

基準排水量	18300トン
全長	157.3m
全幅	20.1m
主機関	艦本式タービン機関1基
最大出力	9500馬力
最高速力	16.5ノット
最大燃料搭載量	12000トン (重油および軽質油)

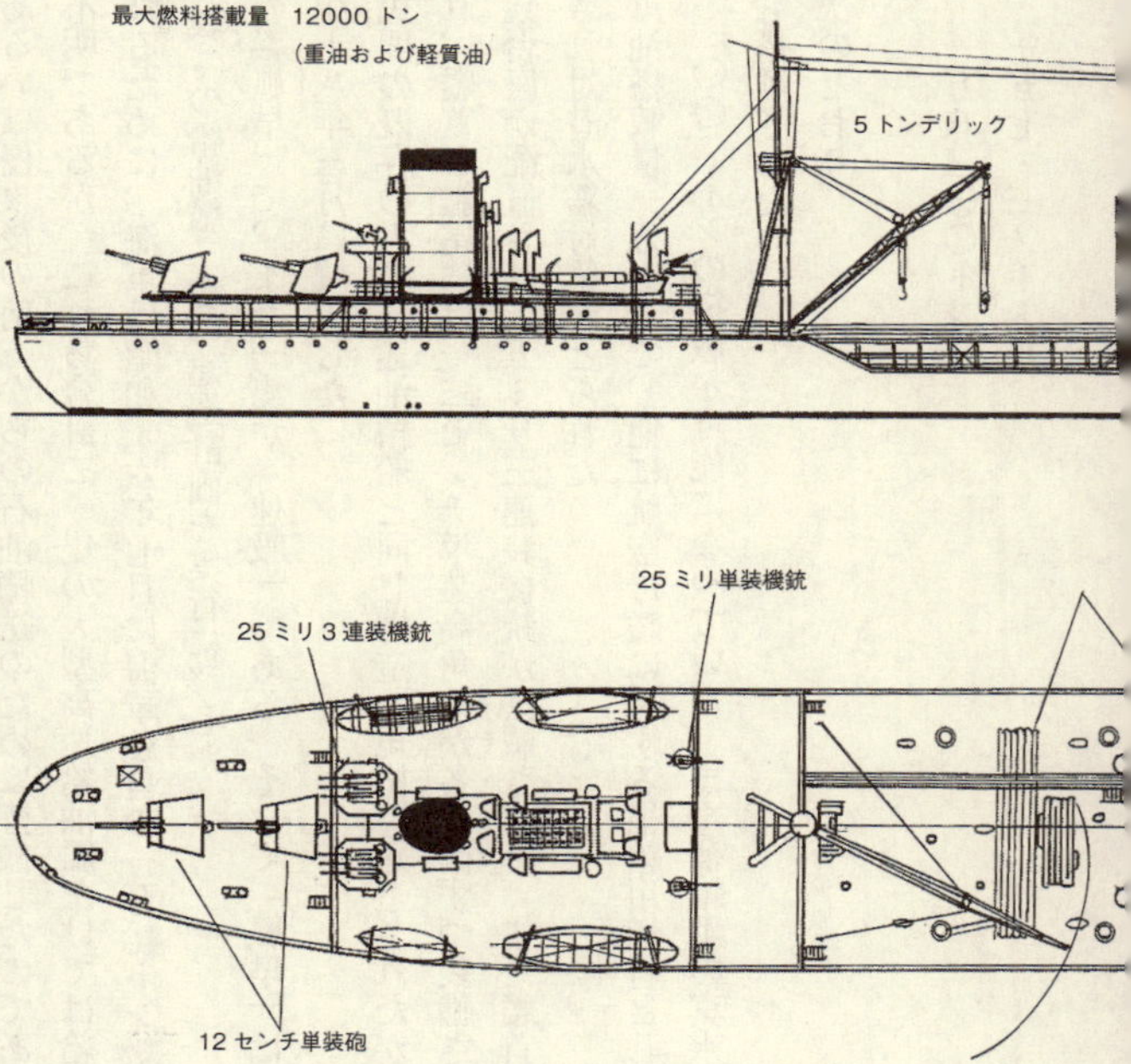

給油艦として待機し、あるいは侵攻後の南方からの石油輸送のために待機したのである。

しかし今後の戦況は不明であるが、これら合計二一隻の大型高速給油艦だけでは給油艦の絶対数の不足が予測されるために、海軍は昭和十六年七月に海軍独自の一万総トン級（基準排水量一万八〇〇〇トン級）の給油艦二隻の建造計画を実行に移した。

この二隻は一隻が後の「風早」で、また一隻が「速吸」である。そして「風早」は昭和十六年九月に起工し、昭和十八年三月に竣工した。

完成した「風早」は民間の既存の大型高速油槽船と同じ構造と規格で建造されたが、当初から給油設備が完備され、艦首と艦尾には一二センチ単装高角砲が各一門ずつ装備され、艦橋構造物の両舷には機銃台座が配置され二五ミリ三連装機銃が搭載された。また艦首水面下には水中聴音器も装備され対潜水艦対策がとられた。

「風早」の給油能力は重油搭載量一万トンで、他に航空母艦に対する補給用燃料として軽質油（航空機用ガソリン）一〇〇〇トンの搭載が可能になっていた。また補給用の真水五〇〇トン、糧食五〇〇トンも搭載された。

「風早」の基本要目は次のとおり。

基準排水量　一万八三〇〇トン
全長　一五七・三メートル

全幅　　二〇・一メートル
主機関　　艦本式タービン機関一基（一軸推進）
最大出力　　九五〇〇馬力
最高速力　　一六・五ノット
最大燃料搭載量　　重油一万トン、軽質油（ガソリン）一〇〇〇トン、その他一〇〇〇トン
武装　　一二センチ単装高角砲二門
　　二五ミリ三連装機銃二基

「風早」は昭和十八年三月に民間造船所の播磨造船所で完成すると、直ちに連合艦隊に編入された。しかしその後艦隊に付属し給油艦として活動する機会がなく（本艦が在籍中は給油艦を必要とするような大規模な海戦が起きていない）、シンガポールの燃料基地からトラック島やラバウルなどの海軍艦艇の拠点基地に向け、燃料油の輸送に従事していた。

しかしその間の昭和十八年十月に敵潜水艦の雷撃によりトラック島近海で撃沈された。本艦は日本海軍で唯一の近代的給油艦として完成しながら、結局は本来の目的に寄与することは一度もなく早々に失われてしまった。

給油艦「速吸」

本艦は四隻建造予定の「風早」型給油艦の三番艦として建造された。なお二番艦と四番艦は戦局の影響から建造中止となっている。

「速吸」は本来は「風早」と同型の給油艦として建造される予定だったが、戦局の変化から本艦は給油艦以外の目的でも運用が可能な多目的艦として建造されることになったのである。

「速吸」の起工は昭和十八年二月で完成は翌十九年四月で、建造されたのは「風早」と同じく民間造船所の播磨造船所であった。

ミッドウェー海戦により日本海軍は一気に主力航空母艦四隻を失った。これに対し日本海軍は航空母艦戦力の早急な立て直しに迫られた。しかしすでに建造が進められている二隻の航空母艦（大鳳、雲龍）の完成には、まだ一年半から二年の時間がかかることが予想されていた。

その緊急対策として具体化されたのが、商船を短期間で航空母艦に改造し、戦力とすることであった。海軍はまさにこのような事態に備え、優秀船舶建造助成施設により建造される大型客船を航空母艦に改造する腹案を持っていた。そして建造される大型客船には、航空母艦への改造を容易にするための設計も一部海軍艦政本部の意向で組み入れられていた。

すでに完成し兵員輸送船として運用されていた次の四隻の客船が航空母艦改造の対象となった。それは日本郵船社の二隻の客船（新田丸、八幡丸。いずれも一万七〇〇〇総トン）、および大阪商船社の二隻の客船（あるぜんちな丸、ぶらじる丸。いずれも一万二〇〇〇総トン）であった。

これら四隻は直ちに航空母艦への改造工事に取り掛かることになったが、その直前にぶらじる丸が敵潜水艦の雷撃で撃沈され、その代替として第二次大戦開戦時より神戸港に留まっていたドイツ客船シャルンホルスト（一万七〇〇〇総トン）をドイツより購入し、航空母艦に改造することになった。

また海軍は同時に既存の主力艦にも航空機搭載と発進能力を持たせ、航空母艦の代用とする艦の改造も進めていた。この計画で完成したのが航空戦艦と呼ばれる「伊勢」と「日向」であった。

「速吸」はまさにこの危急の時期に建造されることになった給油艦であった。そこで海軍は「早吸」にも航空機の搭載と発進の能力を持たせることを検討することになり、具体化された案が、給油艦でありながら航空機を搭載し、これを発進させる能力を持たせることであった。

海軍は機動部隊の給油艦として本艦を随伴させ、給油任務を果たすと同時に航空攻撃に際しては艦上爆撃機あるいは艦上攻撃機を本艦から発艦させ、攻撃隊の戦力とする考えであった（但し爆装あるいは雷装した重たい機体をカタパルトから発進させることは困難であり、本艦の航空機搭載の目的は搭載機の消耗した航空母艦に新たに攻撃機などを補給することにあった、と考えるのが妥当のようである）。

このために「速吸」には給油艦でありながら特殊な構造物を備えた艦として完成することになったのである。この計画では「速吸」には艦上攻撃機七機を搭載する設備が設けられ、その機体を発進させるためのカタパルトも備えることになった。そして「速吸」は姉妹艦である「風早」とはまったく別の艦型として完成することになった。

さらにこの改良により「速吸」の重油槽の一部は、航空機搭載用および航空母艦への補給用の爆弾や魚雷庫に変更されるために削減され、重油搭載量は九八〇〇トン、軽質油搭載量は二〇〇トンに削減されることになった。

本艦の外観は「風早」とはまったく違ったものとなった。艦橋は艦首方向に移動し、艦尾ハウスと艦橋の間に新たに飛行機搭載用の甲板が新設され、その右舷前方にはカタパルトが配置された。飛行機は補用機一機を含め合計七機搭載の予定であった。そしてその機体も当初の計画では開発中の最新型の十七試艦上攻撃機（後の流星）とされた。しかしこの機体が実戦に参加したのは終戦直前のことで、本艦が完成した昭和十九年四月当時はまだ搭載する機体は決定していなかった。なお飛行甲板と船体の上甲板の間は空間が狭く、また給油関連の配管があり、航空機用の格納庫として使用するには不適であった。

この補給艦を補助空母的な存在にして機動部隊に随伴させる、という考え方は艦政本部も評価し、「速吸」の完成を急がせるとともにさらに同型の給油艦七隻の建造を追加申請し、そのうえ航空機の搭載能力を七機から一四機に増加させた新たな給油艦「鷹野」級八隻の建造も計画された。

しかしその後の戦況は日本海軍の機動部隊の存続も危うくするものとなり、新たな一五隻の特殊給油艦の建造は中止された。

完成した「速吸」の外観は極めて特異なものとなった。飛行機搭載用の甲板（発着は不可能）や大型のカタパルトの配置、また航空機の搭載や給油装置の取り扱いに使われる大型のデリックの配置は、本艦の姿を一番艦の「風早」とは似ても似つかぬ姿に変えていた。

完成時の本艦の対空火器はすでに強力なものとなっていた。一二・七センチ連装高角砲を艦首と艦尾に配置し、二五ミリ三連装機銃七基が各所に配置された（その後さらに多数の二五ミリ単装機銃が配置されたようである）。

本艦は昭和十九年四月に完成すると直ちに乗組員の錬成に入り、それもまだ不十分のまま二ヵ月後の六月に展開されたマリアナ沖海戦に機動部隊の給油艦として出撃している。ただこのときは航空機の搭載はなかったとされている。この作戦で「速吸」は艦隊に対する給油任務は果たしているが、敵の航空攻撃による被害もなく帰還している。

その後は一般油槽船と同じく南方の日本への石油環送任務に使われることになり、昭和十九年八月にフィリピンに向かう船団の一部として、ボルネオ島のミリへ向かう他の油槽船とともに組み入れられ南下したが、フィリピン沿海で船団は敵潜水艦群の集中攻撃を受け、

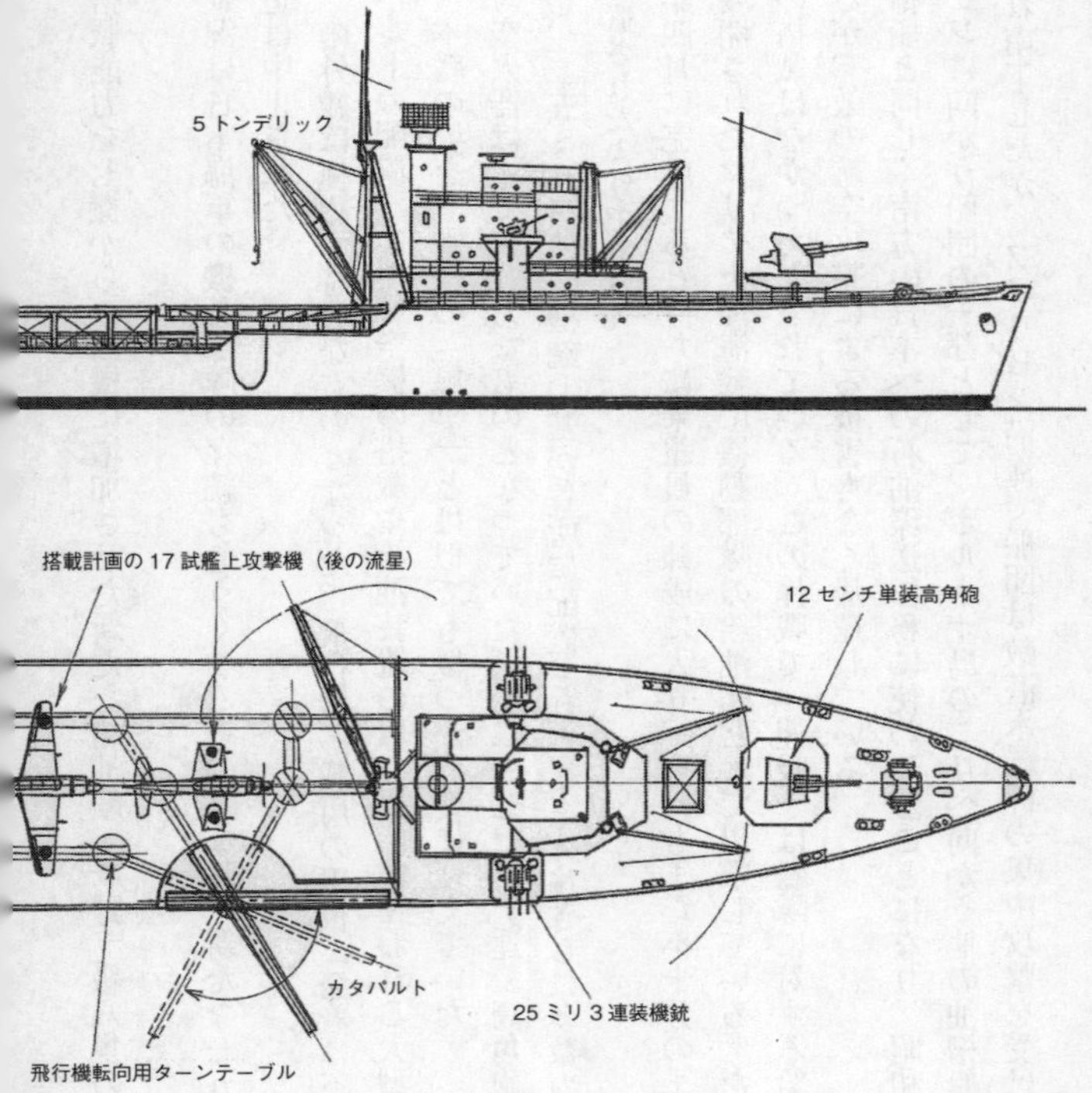
5トンデリック
搭載計画の17試艦上攻撃機（後の流星）
12センチ単装高角砲
カタパルト
25ミリ3連装機銃
飛行機転向用ターンテーブル

第27図　給油艦速吸

基準排水量	18300トン
全　　　長	153.0m
全　　　幅	20.1m
主　機　関	艦本式タービン機関1基
最大出力	9500馬力
最高速力	16.5ノット
最大燃料搭載量	10000トン （重油および軽質油）

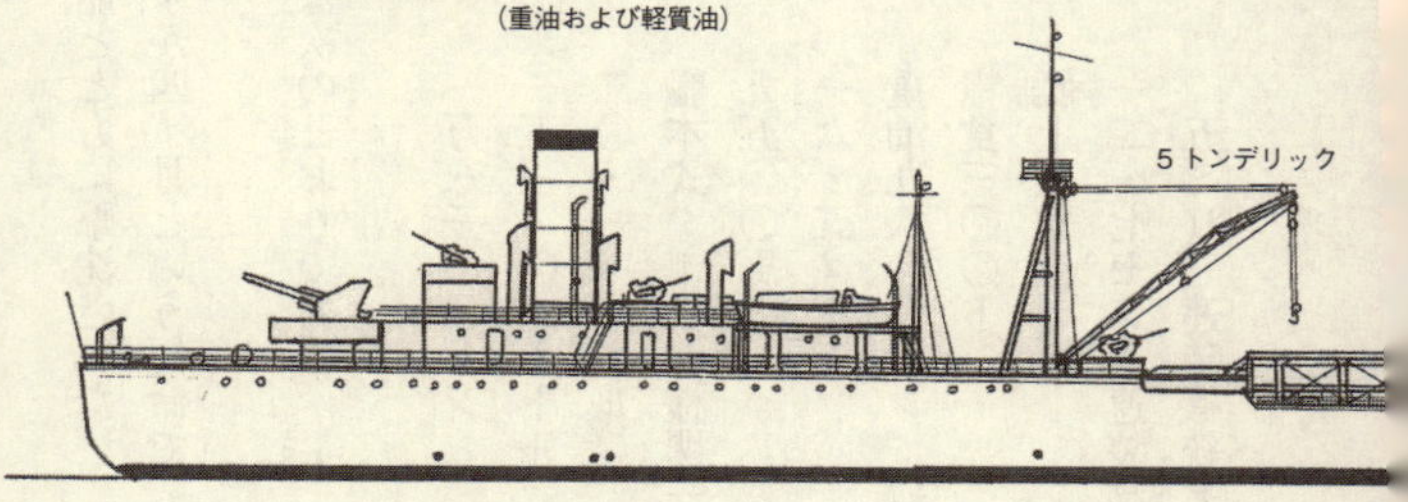

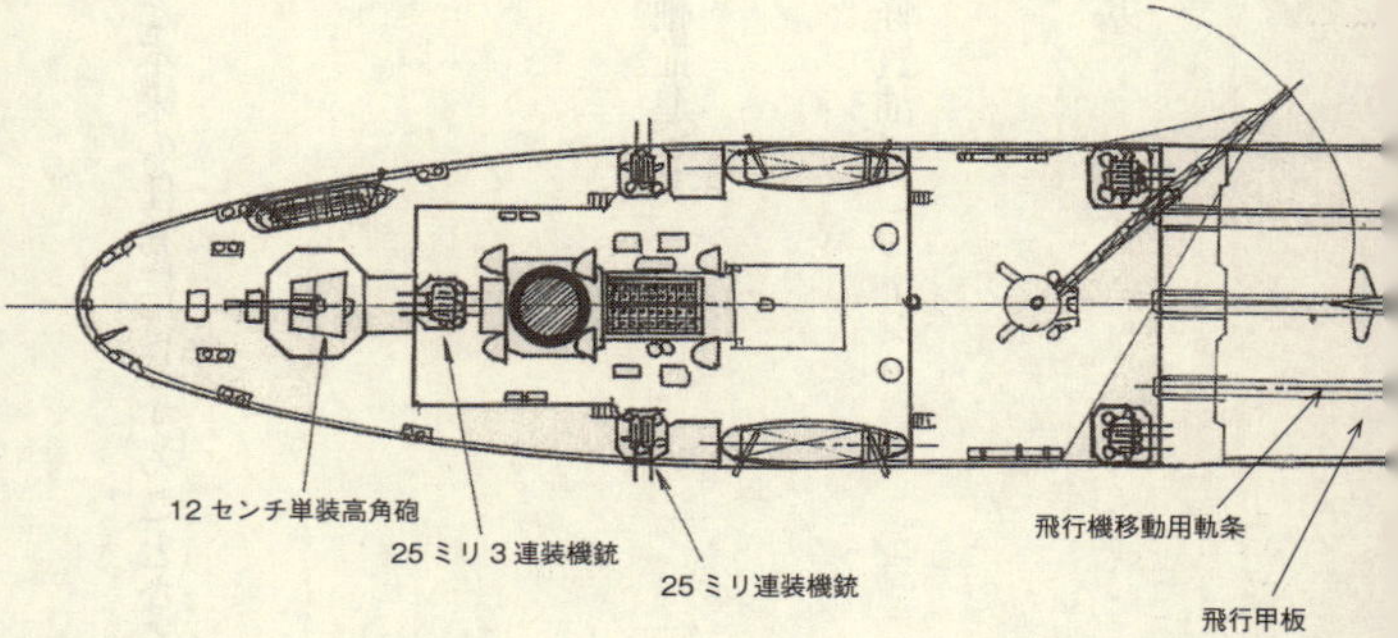

「速吸」は他の輸送船とともに撃沈された。

「速吸」は建造後わずか四ヵ月という短命で、ほとんど本来の任務に寄与することなく失われてしまった。

「速吸」の基本要目は次のとおりである。

基準排水量　一万八三〇〇トン
全長　一五三・〇メートル
全幅　二〇・一メートル
主機関　艦本式タービン機関一基（一軸推進）
最大出力　九五〇〇馬力
最高速力　一六・五ノット
最大燃料搭載量　重油九八〇〇トン、航空機用軽質油二〇〇トン
他搭載物資　糧食三〇〇トン
搭載航空機　艦上攻撃機七機
武装　一二・七センチ連装高角砲二基
二五ミリ三連装機銃七基

給油艦「針尾」

昭和十九年に入る頃には特設給油艦として運用されていた大型高速油槽船は二一隻中九隻が失われていた。またその大容量の石油輸送力を利用し、多くが南方から日本への石油環送に運用されていた。

この絶対的な給油艦の不足に対し、海軍は戦時標準設計型の大型油槽船四隻（1TL型一隻と3TL型三隻）を、海軍向けに至急建造することにしたのである。

1TL型油槽船とは、戦前の優秀大型油槽船に近い性能と構造を持つが、建造工数を戦時建造向けに一部簡略化した大型高速油槽船である。3TL油槽船とは、完全な戦時規格型の簡易設計の大型油槽船であるが、速力を高速化した油槽船であった。しかし実際に建造されたのは1TL型油槽船一隻のみで、他の三隻は時局にかんがみて建造が中止された。

「針尾」は建造計画が遅れたために起工されたのが遅く、完成は昭和十九年十二月で直ちに連合艦隊付属に編入されたが、もはや給油艦を必要とする艦隊作戦は不可能な状況にあった。このために本艦は南方石油の日本への環送任務に運用されることになった。

実はこの給油艦「針尾」を明確にとらえた写真や図面が見つかっていない。このために本艦がどのような外観をしていたのか明らかではないのである。ただ想像では建造されている民間所有の1TL型油槽船と外観は同型で、給油装置用の専用のマストやデリックおよび対空火器が搭載されていることに、一般向けの1TL型油槽船との違いがある、と判断して差し支えないようである。

「針尾」は昭和二十年一月末にシンガポールに石油引き取りのために向かい、折り返し石油満載で日本に向かったが、同年三月に中国海南島沿岸で触雷のため沈没した。

給油艦「針尾」の基本要目は次のとおりである。

基準排水量　一万八五〇〇トン
石油搭載量　一万四五〇〇トン
全長　一五四・三メートル
全幅　二〇・〇メートル
主機関　艦政式蒸気タービン機関一基（一軸推進）
最大出力　一万二〇〇〇馬力
最高速力　一九・四ノット
武装　不明

軽質油（揮発油）運搬艦

軽質油運搬艦とは航空機用ガソリンを航空母艦に給油することが目的の給油艦で、機動部隊としての本艦の行動は航空母艦に随伴することが目的で、ここでは給油艦の一種として紹

足摺

介する。

日本海軍が建造したこれら軽質油給油艦には、航空機用揮発油（ガソリン）以外に魚雷や各種の爆弾および機銃弾、また航空機エンジン用の潤滑油、航空機修理用各種部品や部材、さらには航空母艦に補充する食料品の輸送の任務も持たされていた。ただこの艦は揮発性が高く爆発しやすい航空機用揮発油の輸送が主な任務であるために、その貯蔵方法と給油関連設備には安全性を確保するための様々な仕組みが施されていた。

軽質油給油艦の建造は、昭和十五年に至り航空母艦戦力の拡大にともない建造が計画された艦で、大型軽質油給油艦二隻（「足摺」級）と中型給油艦四隻（「洲崎」級）の建造が決まっていた。

「足摺」級軽質油給油艦（足摺、塩屋）

一番艦の「足摺」は昭和十六年五月に起工され、昭和十八年一月に完成した。本艦は揮発性の高い危険度の高い揮発油を搭載し扱うために、貯蔵タンクは気化爆発を防ぐために中間に空気層を組み入れた三重構造に仕上がっている。そして貯蔵タンクは一ヵ

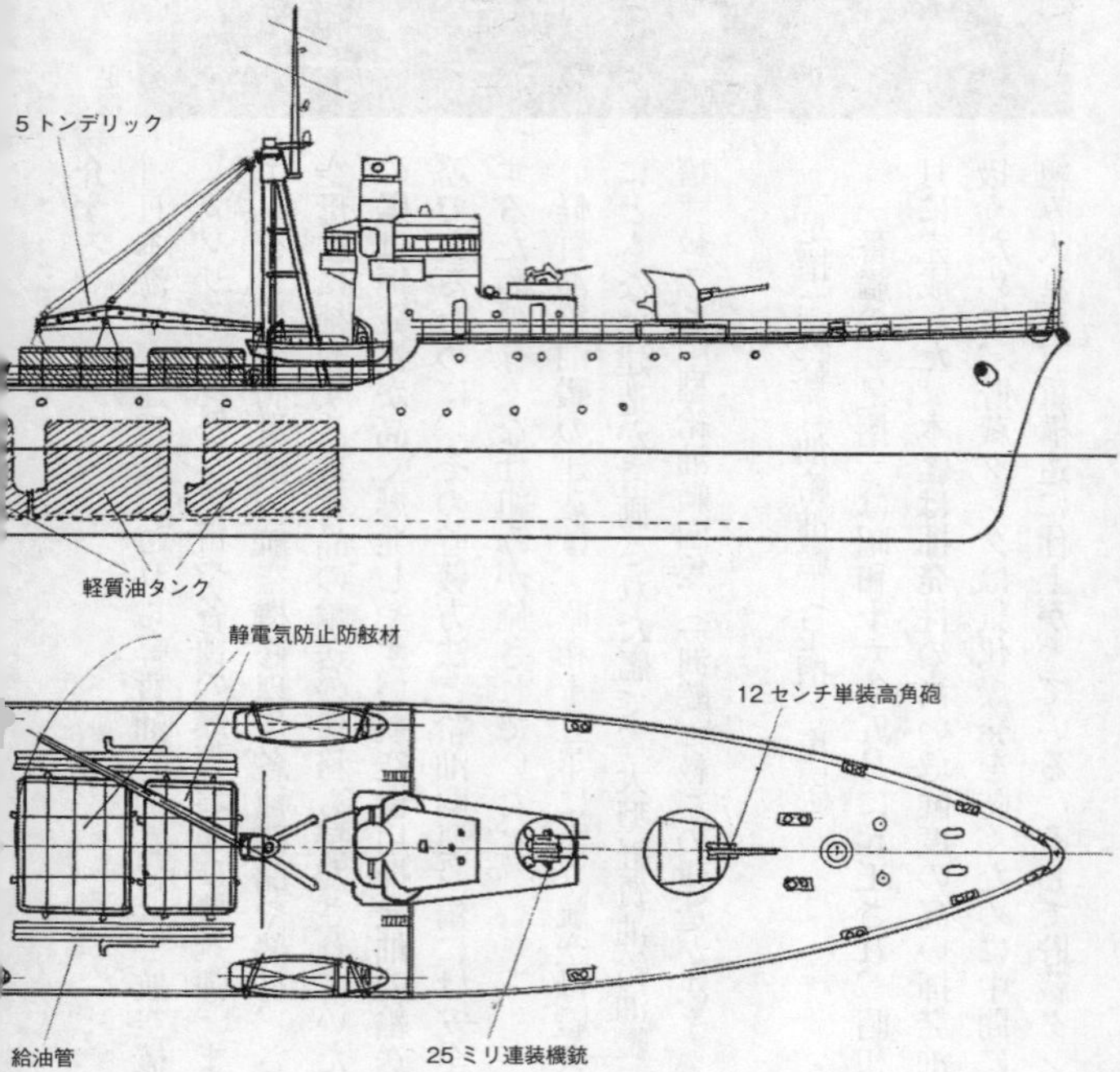
5トンデリック
軽質油タンク
静電気防止防舷材
12センチ単装高角砲
給油管
25ミリ連装機銃

第28図　軽質油給油艦足摺

基準排水量　7951トン
全　　　長　130.0m
全　　　幅　16.8m
主　機　関　三菱MAN式ディーゼル機関2基
最大出力　6000馬力（合計）
最高速力　16.0ノット
軽質油搭載量　2320トン

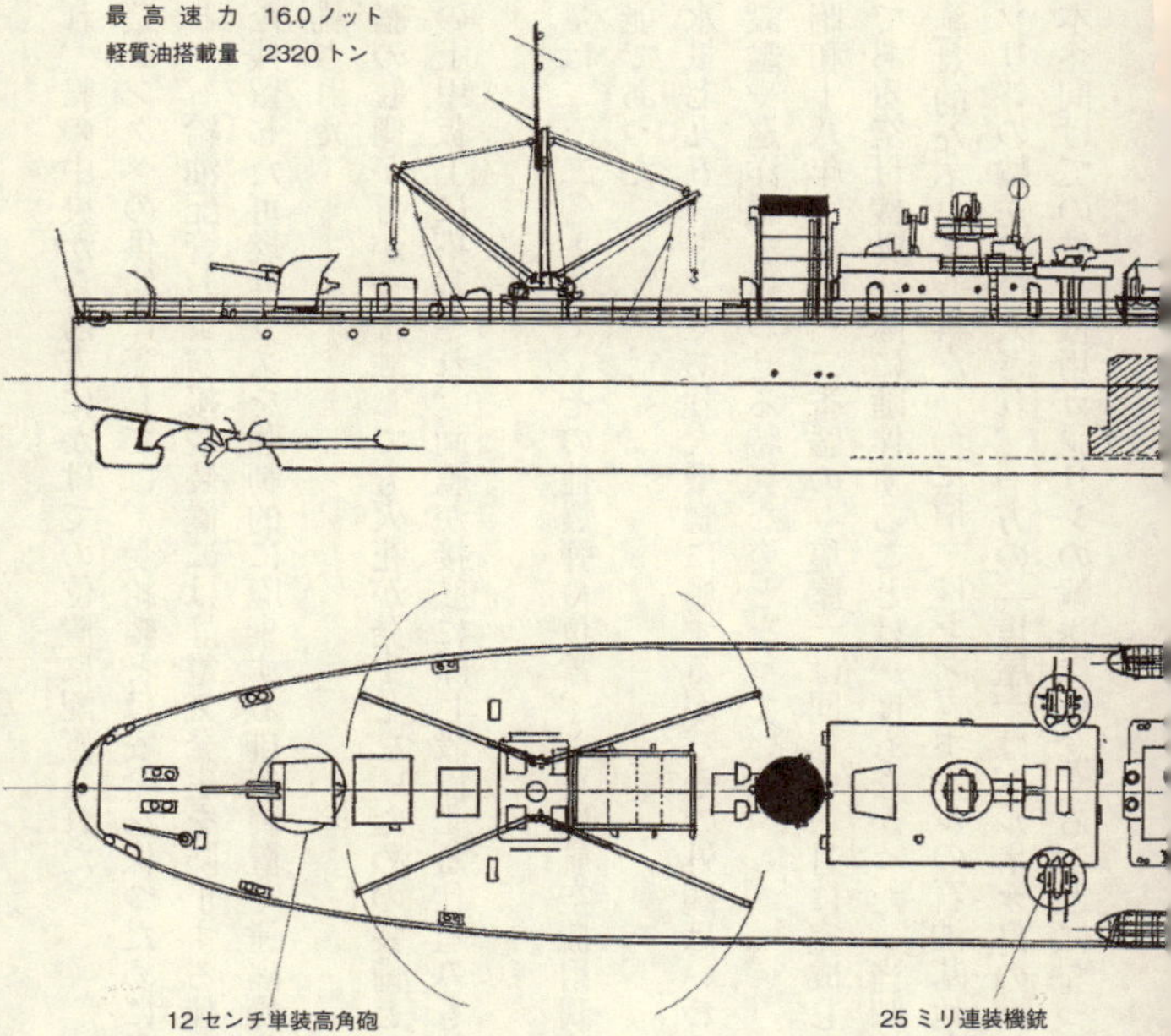

所としないで三分割され、艦の中央から前方にかけての位置に配置された。

航空母艦の揮発油貯蔵タンクへの供給に際しては、受給艦とは安全を保つために常に横曳き方式を採用することとし、給油配管および接続装置には静電気発生を防止する仕組みが組み入れられていた。また残留した可燃性ガスを強制的に廃棄する排気装置や遠隔操作による炭酸ガス放出装置が装備された。

さらに給油に際し両艦の舷側が万が一接触しても火花が発生しないための装備として、大型のブイを準備して艦の上甲板上に搭載され、両艦が接舷に際し設置する仕組みも装備されていた。

本艦の揮発油の搭載量は二三二〇トンで、その他爆弾や魚雷、さらに航空機用潤滑油など八八〇トンの搭載が可能であった。

本艦の規模は基準排水量七九五一トンであり大型艦に属するが、その外観はいわゆる油槽船型ではなく、一見敷設艦や巡洋艦を思わせる特異な姿となっている。

一番艦の「足摺」は昭和十八年一月に、二番艦の「塩屋」は同年十一月に完成したが、二隻とも以後本来の目的である空母機動部隊に随伴することは一度もなかった。当時の日本国内の航空機用揮発油の絶対的な不足を背景に、「足摺」はシンガポールの石油基地から日本へ向けての航空機用ガソリンの輸送に投入され、一方の「塩屋」はボルネオ島のバリックパパン石油基地から、日本へ向けての航空機用ガソリンの輸送に専念することになった。

この両艦が日本に運び込んだ航空機用ガソリンの総量はおよそ一万七〇〇〇トンに達したものと推定されているが、この量は概算で単発戦闘機一万機の出撃を可能にする量であった。勿論これら二隻で運ばれたガソリンは、練習機を含め陸海軍の国内に配置されたあらゆる種類の航空機用の燃料として使われたのであるが、年間に消費される航空機用ガソリンを満たすには到底およぶものではなかったのだ。

「足摺」級軽質油給油艦の基本要目は次のとおりである。

基準排水量　七九五一トン
全長　一三〇・〇メートル
全幅　一六・八メートル
主機関　三菱MAN式ディーゼル機関二基（二軸推進）
最大出力　合計六〇〇〇馬力
最高速力　一六・〇ノット
武装　一二・七センチ連装高角砲二基
　二五ミリ連装機銃二基
搭載量　航空機用軽質油二三二〇トン
潤滑油・爆弾・魚雷等八八〇トン

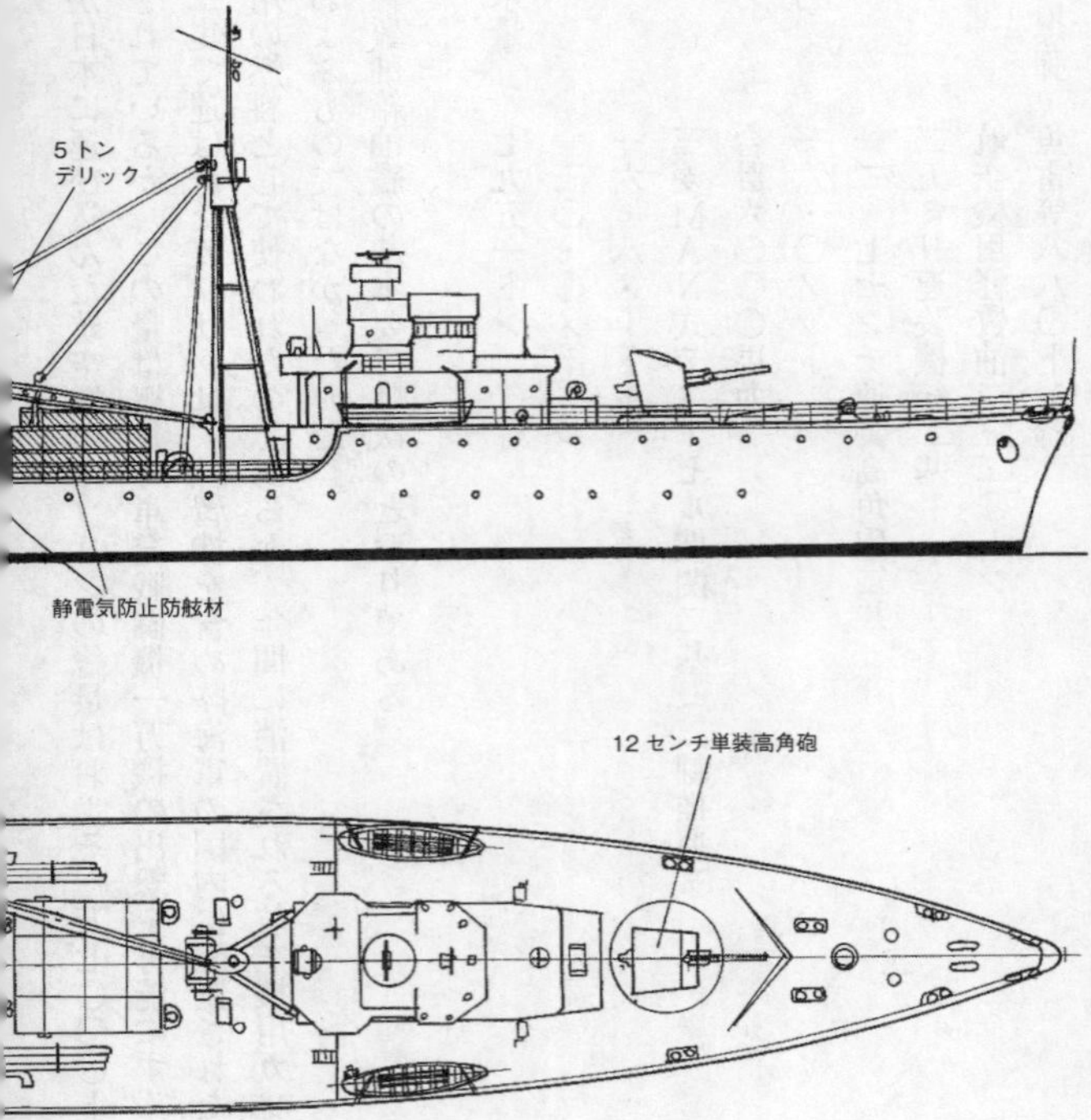

5トン
デリック
静電気防止防舷材
12センチ単装高角砲

第29図　軽質油給油艦洲崎

基準排水量	4465トン
全　　　長	106.0m
全　　　幅	15.0m
主　機　関	三菱MAN式ディーゼル機関2基
最大出力	4500馬力（合計）
最高速力	16.0ノット
軽質油搭載量	1080トン

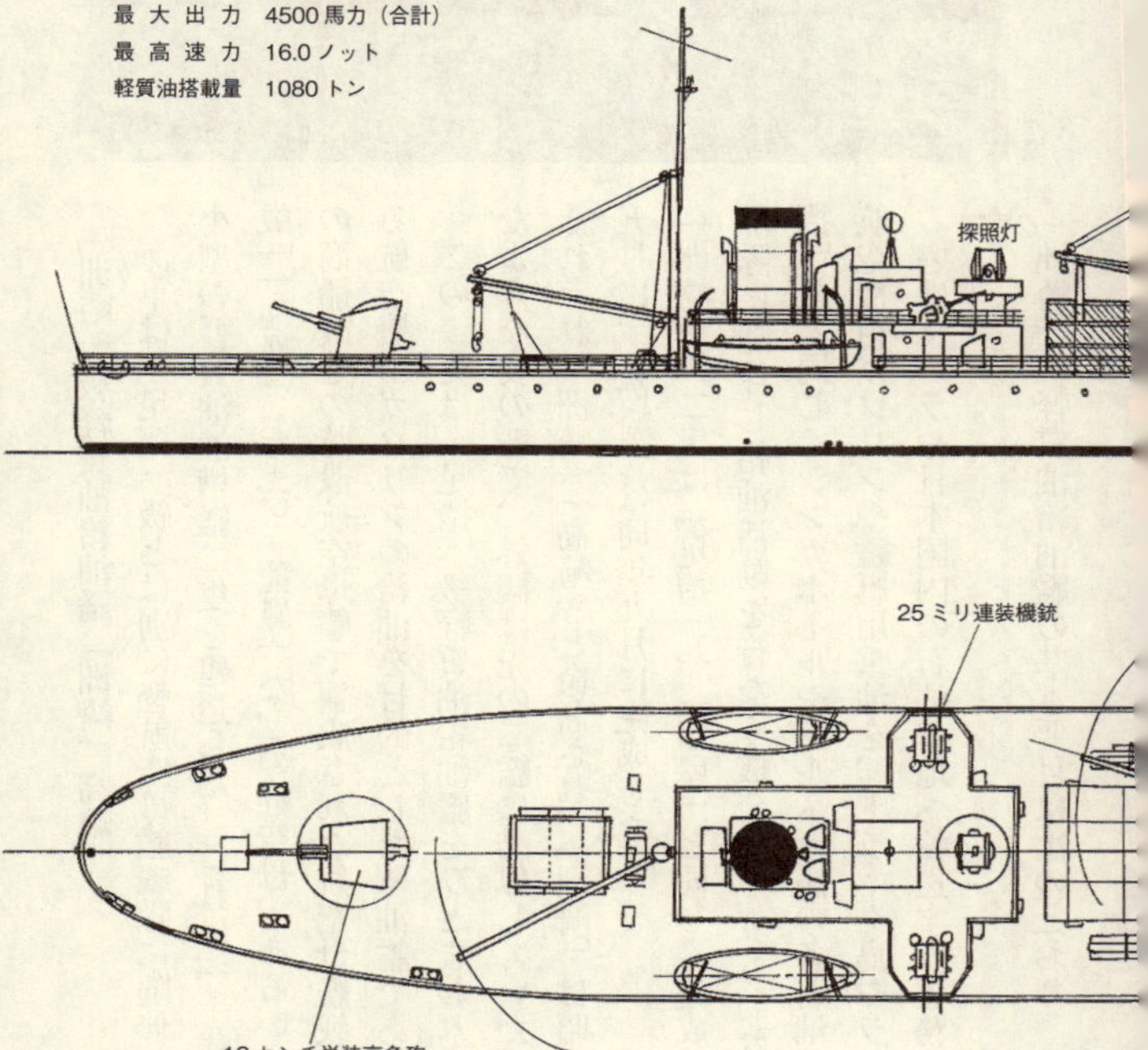

洲崎

「洲崎」級軽質油給油艦（洲崎、高崎）

海軍は「足摺」級とは別に軽航空母艦戦隊に随伴するより小型の軽質油油槽艦二隻を建造した。これは「千代田」「千歳」「瑞鳳」および「龍鳳」などの軽空母、あるいは建造中の商船改造の特設航空母艦で編成された航空母艦戦隊に対する航空機用ガソリンの給油を目的とした給油艦であった。

この二隻は「足摺」級軽質油給油艦をひとまわり小型化したような姿の艦で、外観は先の二艦に酷似していた。二隻はそれぞれ「洲崎」「高崎」と命名され、「洲崎」は昭和十八年五月に、「高崎」は同年九月に完成した。

「洲崎」級二隻は「足摺」や「塩屋」と同じく完成後は機動部隊に随伴し給油活動を行なう機会は一度も訪れず、「足摺」級と同じくシンガポールやボルネオ島の各石油基地から航空機用ガソリンや艦艇用重油を、トラック島やラバウルあるいはマニラや日本国内の石油基地へ輸送する任務に使われた。

「洲崎」級軽質油給油艦の基本要目は次のとおり。

基準排水量　四四六五トン
全長　一〇六・〇メートル
全幅　一五・〇メートル
主機関　三菱MAN式ディーゼル機関二基（二軸推進）
最大出力　合計四五〇〇馬力
最高速力　一六・〇ノット
武装　一二センチ単装高角砲二門
　二五ミリ連装機銃二基
搭載量　航空機用軽質油一〇八〇トン
　潤滑油・爆弾・魚雷等四四〇トン

日本海軍の特設給油艦

日本海軍が有事に際して最も重視していた特設艦船の一つが特設給油艦であったことに疑いはない。

太平洋戦争の勃発時、日本海軍には艦隊に付属する高速の優秀な正規給油艦は一隻も存在しなかった。前述のとおり、日本海軍は有事に際しての艦隊随伴用の給油艦は、続々と建造される大型高速の民間油槽船を特設給油艦として徴用することで対処する計画であった。また、そのためにこれら油槽船の建造に際しては設計の段階から海軍の意向が組み入れられていた。

すでに記したとおり日本海軍は大正七年から大正九年にかけて、基準排水量七〇〇〇総トン級の艦隊用給油艦を一気に一〇隻建造した。しかしその後、昭和十六年以降に三隻（風早、速吸、針尾）の艦隊用給油艦が建造された以外、艦隊用給油艦の建造は行なわれていない。この間海軍がなぜ艦隊用の大型給油艦の建造を行なわなかったか、そこには海軍の慎重な腹案が存在していたことを知らなければならないのである。

昭和五年以降、日本政府は日本の海運業の世界的な発展を目標に、民間海運会社に対して高性能な各種商船の建造を奨励し、国家はその後押しをするための優遇策を策定し実行に移した。海軍はこの国家政策に注目し、以後建造される各種船舶の設計・建造にはしだいに海軍の意向が反映されるようになっていったのである。とくに昭和十年以降から実施された優遇政策「優秀船舶建造助成施設」の適用を受けて建造される各種商船には、設計の段階で将来の特設艦としての徴用や買収を意図し、海軍艦政本部の意向が強く反映されていったのであった。

このようにして建造された各種商船の中でも、とくに油槽船は仕様の決定や設計の段階から海軍の意向が強く反映されることになった。海軍は有事に際しての優秀な艦隊用給油艦の確保にあたったのである。

昭和五年以降、太平洋戦争勃発の時点までに政府の施策の下に建造された大型高速の優秀油槽船は二一隻に達した。これらはいずれも八〇〇〇総トン以上で最高速力一六ノット以上の優秀油槽船で、その多くは一万総トン以上、最高速力一九ノット以上という当時の世界の油槽船の中でも抜きんでた性能を持っていた。これらの油槽船を建造した海運会社は三井船舶社、飯野海運社、日東商船社、山下汽船社など一三社に達した。

これら油槽船は建造後はすべてアメリカ（カリフォルニア）からの輸入石油の輸送に運用された。しかし太平洋戦争の勃発直前にすべてが海軍に徴用され、艦隊用給油艦あるいは南方石油（重油）の日本への環送に運用されることになった。これら油槽船により日本に運び込まれた石油の大半は山口県徳山の海軍燃料廠に貯蔵され、艦艇用の燃料として利用された。

ここで艦隊用給油艦候補として徴用された二一隻の大型高速油槽船について説明を加えたい。

日本海軍は昭和三年（一九二八年）以来、有事に際しての艦隊給油艦は、最新設計で建造される民間の油槽船を徴用して運用するという基本計画をほぼ決定していた。そしてこの基本計画を実行するに際しての具体的方策について、海軍は時の政府と早くも協議を終えていた。

昭和四年に政府は民間の油槽船運航会社に対し、旧式油槽船を破棄し新たに大型高速油槽船の建造を奨励したのである。スクラップ・アンド・ビルドである。この施策を実行する海運会社に対しては建造資金の援助という優遇策を提示したのである。そしてこの方策はその後油槽船ばかりでなく貨物船や貨客船などにも適用範囲を広げることになり、昭和七年(一九三二年)からより積極的に展開されることになったのであった。

この方策は船舶改善助成施設として運用され、多くの海運会社は好感をもって積極的にこの導入を図り、日本海運界の所有船舶の飛躍的な近代化が進むことになったのである。そしてこの方策は海軍の意向をくむ中で新たに優秀船舶建造助成施設という政策に展開することになり、太平洋戦争開戦直前の時点で日本海運界が保有する商船が、世界の海運界に比較し際立って優秀であることを示すことになったのである。ただ勿論これら優遇策で建造される商船に関しては、海軍の本来の腹案に従って、有事に際しては絶対的な徴用の義務を持つことが確約されていたのである。

なお海軍はこの優遇策で、とくに優秀船舶建造助成施設の適用を受けて建造される油槽船に関しては、各海運会社に対し建造する油槽船に関する基本仕様を提示し、この基本仕様に従った油槽船の建造を示唆したのであった。

各海運会社は建造する油槽船には設計段階で海軍提示の基本案を具体化させている。海軍が新たな油槽船の建造に際し提示した基本仕様とは次のようなものであった。

(イ)最高速力一六ノット以上である(艦隊に随伴可能な速力)

（ロ）船体の油槽の区画構造を細分化する（被雷に際し被害を最小限にとどめる措置）
（ハ）船尾甲板面積を広くとること（給油に必要な装置の搭載スペースの確保）
（ニ）中央甲板にデリックポストの新設スペースを設ける（横曳き給油装置の確保）
（ホ）航続距離の増大
など多数に上った。

なお徴用され艦隊給油艦となった油槽船は、昭和十六年七月をもって特設運送艦（給油艦）の呼称となった。しかしこれら給油艦に乗り込む運航担当乗組員のほぼすべてが、各油槽船固有の乗組員（民間人）であることから、その後呼称は特設運送船（給油船）とされた。つまり艦隊随伴の給油艦（すべてが徴用油槽船）は正しくは特設給油船と呼ばれるのである。

次に艦隊用特設油槽船となった大型高速油槽船についてその仕様の例を紹介する。

日章丸（昭和タンカー社所有）
昭和十三年（一九三八年）建造の本船は、戦前建造の日本最大の油槽船で、日本の大型高速油槽船の代表的存在の一隻である。
上部構造物は当時の世界の油槽船には類を見ない曲面を多用した流線形構造で、極めて近代的な印象の持たれる油槽船であった。総トン数は一万トンを超え、最高速力はほぼ二〇ノットに達していた。

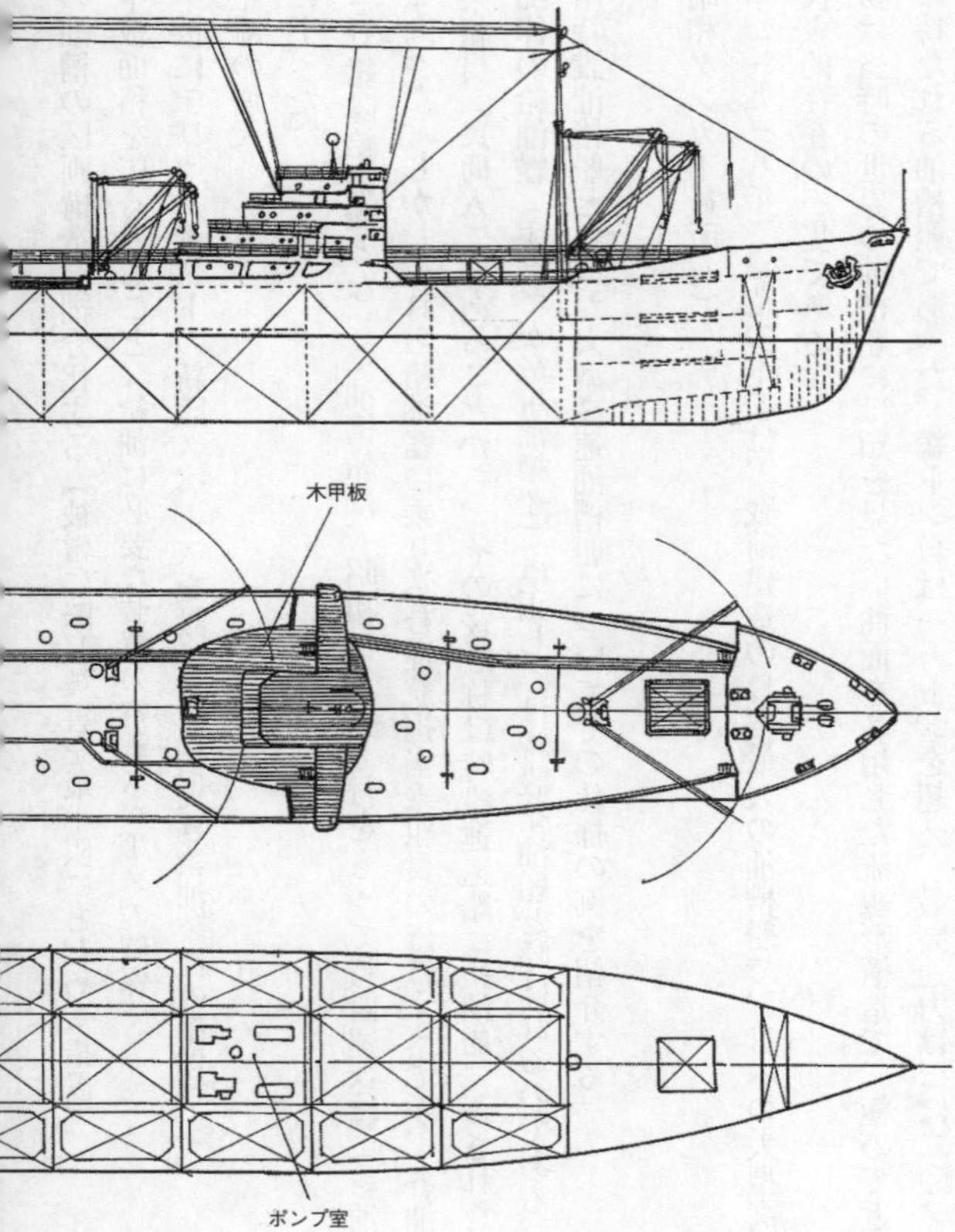
木甲板
ポンプ室

第30図　特設給油船日章丸

総トン数　10526トン
全長　159.0m
全幅　19.5m
主機関　三菱MAN式ディーゼル機関1基
最大出力　9400馬力
最高速力　19.6ノット
最大燃料搭載量　14526トン

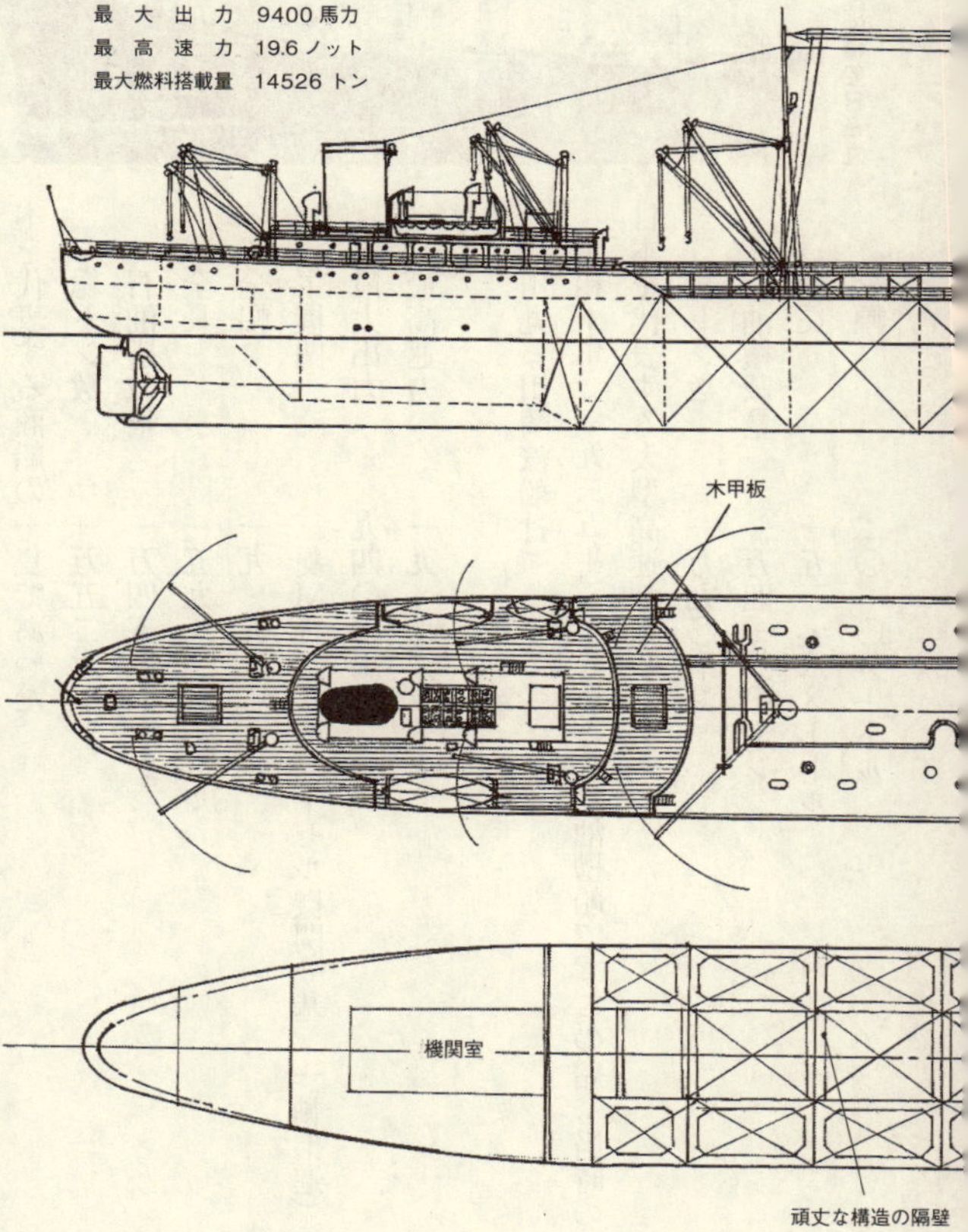

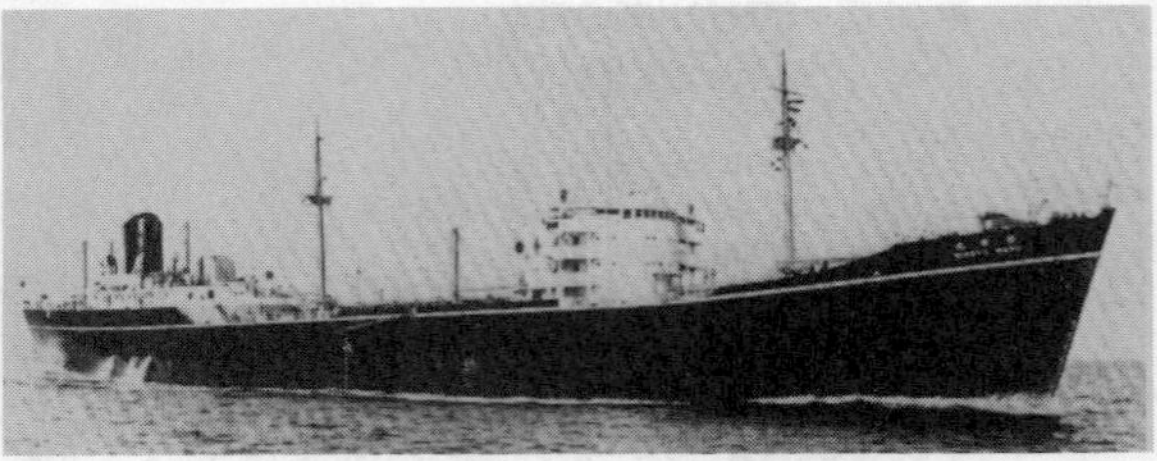
高速油槽船日章丸

当時世界の油槽船でも二〇ノットに達する船は存在せず、近代日本を代表する商船の一隻であった。

総トン数　一万五二六トン
石油搭載量　一万四五二六トン
全長　一五九・〇メートル
全幅　一九・五メートル
主機関　三菱MAN式ディーゼル機関一基（一軸推進）
最大出力　九四〇〇馬力
最高速力　一九・六ノット

建川丸（川崎汽船社）
昭和十年（一九三五年）に建造された油槽船で、この船も当時の日本を代表する大型高速油槽船であった。

総トン数　一万九〇トン
石油積載量　一万四一二〇トン
全長　一五三・八メートル
全幅　二〇・〇メートル

主機関　　三菱ＭＡＮ式ディーゼル機関
最大出力　一万六五八馬力
最高速力　　一九・九二ノット

なお二一隻の高速大型油槽船の中で総トン数一万トンを超える船は一三隻存在し、また最高速力二〇ノット以上の高速油槽船は八隻も存在した。とくに中外海運社の黒潮丸は総トン数一万五一八トンで、最高速力二〇・六ノットを記録した。

この速力は当時の日本最高速の貨物船とほぼ同じで、その高速ぶりに日本海軍が期待するものは大きかったのである。

しかし太平洋戦争が勃発した後、これら高速油槽船の被害が相次ぎ、海軍は第一次戦時規格型大型油槽船（１ＴＬ型）として建造された油槽船一〇隻を、あらたに艦隊用給油船あるいは石油油槽船として徴用した。

しかし戦局の進展の中でこれらの油槽船でも海軍の石油需要には追いつけず、海軍は既存の中型油槽船はもとより、巨大な鯨油用油槽を持つ捕鯨母船まで徴用し石油の輸送に運用した。この捕鯨母船には日本水産社や極洋捕鯨社の一万九〇〇〇総トン級の第二図南丸や第三図南丸（いずれも当時の日本最大の商船）、あるいは極洋丸などが含まれていた。

この大型捕鯨母船は輸送効率が優れていた。一万トン以上の鯨油を貯蔵する鯨油タンクは

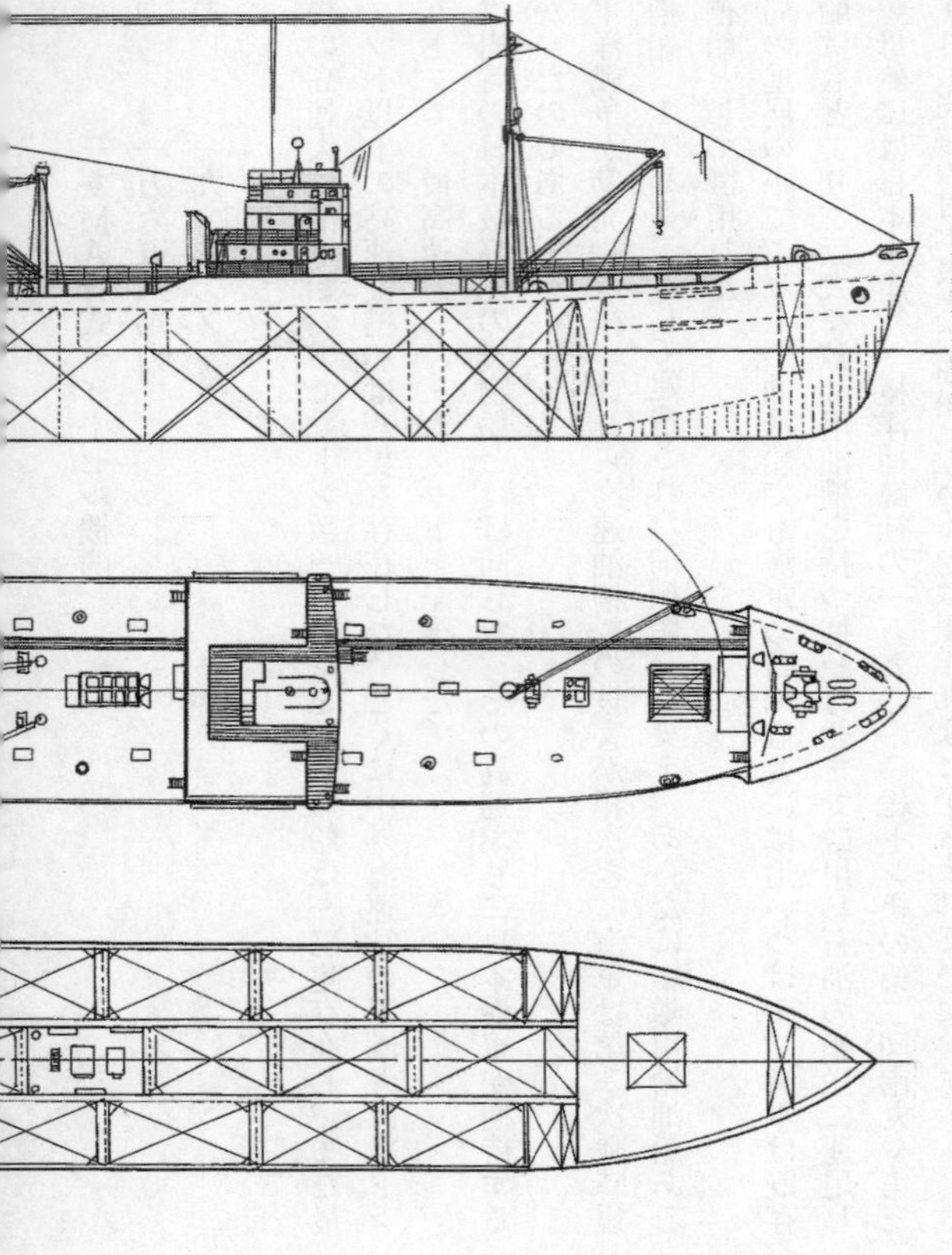

第31図　特設給油船日本丸

総トン数　10152トン
全　　長　152.4m
全　　幅　19.8m
主　機　関　ディーゼル機関1基
最大出力　10658馬力
最高速力　19.9ノット
最大燃料搭載量　14234トン

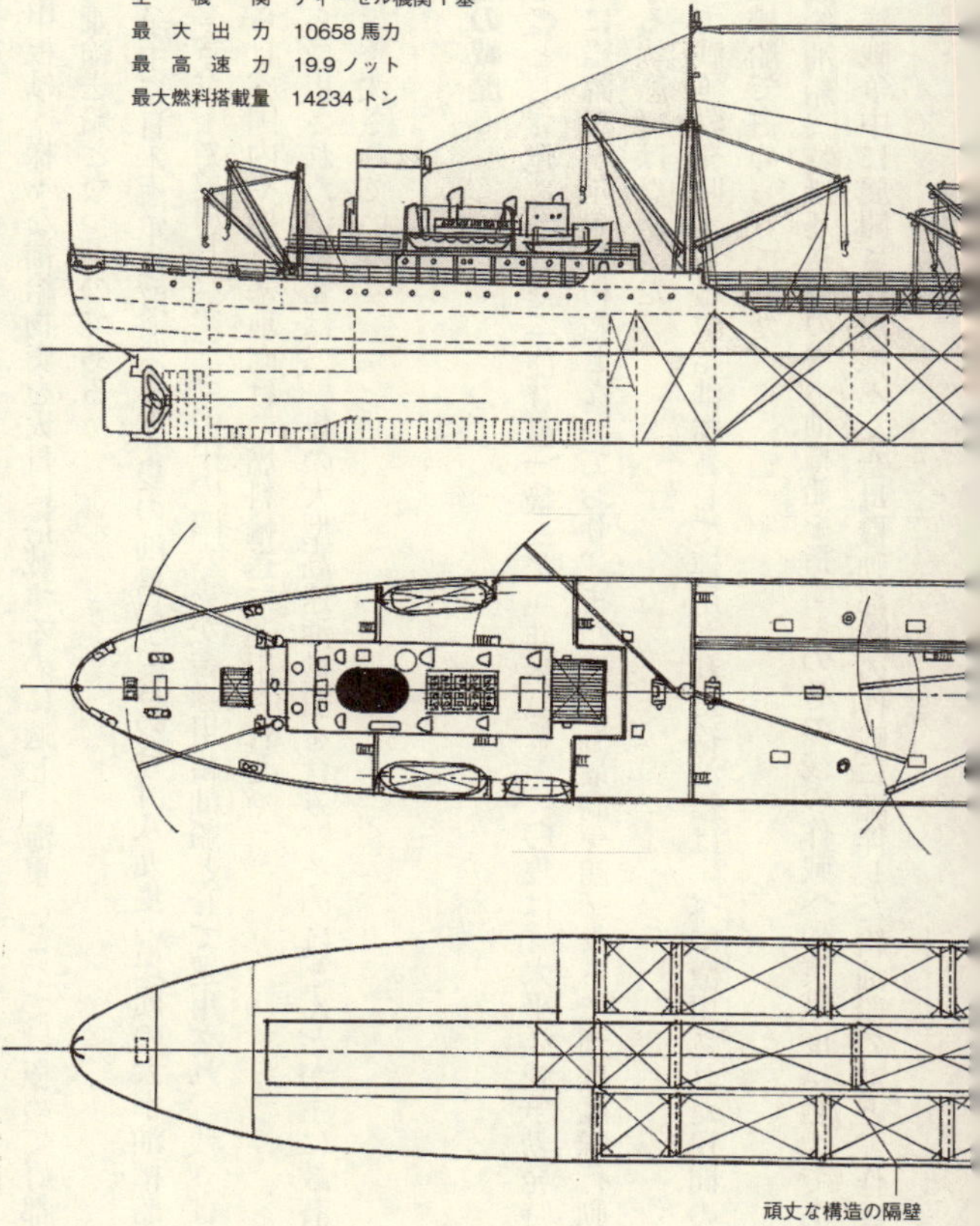

重油の油槽に転用され、鯨解体用の広い上甲板や多数配置された鯨油搾油設備が撤去された広大な第二甲板は、様々な補給物資を大量に搭載するのに適し、海軍にとっては極めて好都合な油槽船兼輸送船となったのである。

太平洋戦争中に日本海軍は既設の二一隻の油槽船を含め合計八九隻の民間の大小油槽船（捕鯨母船を含む）を徴用したが、その中の四六隻が艦隊用給油船として運用され、残りは燃料基地から日本国内や拠点基地向けの燃料輸送に運用された。

なおこれら徴用された油槽船は二一隻の大型高速油槽船を含み、そのほとんどが主に敵潜水艦の雷撃で撃沈されている。

給油艦船の戦歴

艦隊給油艦として建造された「能登呂」級（後「知床」級）一〇隻は、太平洋戦争勃発時点ではすでに艦齢二一年の老朽艦となっており、また速力も最高一四ノットで到底艦隊行動に随伴できる状態ではなかった。

したがって戦争勃発時から艦隊給油艦として運用された給油艦はすべて徴用された民間の高速大型油槽船で占められていた。

この特設給油船（特設運送船の中の油槽船を指す）のその後の作戦への貢献度は絶大であった。太平洋戦争中に展開された様々な空母機動部隊の作戦に随伴した給油船の数と、作戦に参加した艦艇の数を次に示す。

（イ）真珠湾攻撃作戦
航空母艦六隻、戦艦四隻、重巡洋艦二隻、軽巡洋艦一隻、駆逐艦一一隻
特設給油船六隻

（ロ）インド洋作戦
航空母艦五隻、戦艦四隻、重巡洋艦二隻、軽巡洋艦一隻、駆逐艦一一隻
特設給油船六隻

（ハ）インド洋東北岸奇襲作戦
航空母艦一隻、重巡洋艦五隻、軽巡洋艦一隻、駆逐艦六隻
特設給油船一隻

（ニ）ダッチハーバー急襲作戦
航空母艦二隻、重巡洋艦二隻、駆逐艦三隻
特設給油船一隻

（ホ）ミッドウェー作戦
航空母艦四隻、戦艦二隻、重巡洋艦二隻、軽巡洋艦一隻、駆逐艦一二隻
特設給油船五隻

（ヘ）南太平洋海戦

前進部隊：航空母艦一隻、戦艦二隻、重巡洋艦六隻、軽巡洋艦一隻、駆逐艦六隻
機動部隊：航空母艦四隻、重巡洋艦一隻、駆逐艦八隻
前衛部隊：戦艦二隻、重巡洋艦三隻、軽巡洋艦一隻、駆逐艦八隻
補給部隊：特設給油船四隻、特設輸送船三隻、駆逐艦五隻

（ト）マリアナ沖海戦
航空母艦九隻、戦艦五隻、重巡洋艦一一隻、駆逐艦二八隻
特設給油船八隻、給油艦二隻（速吸、洲崎）
ちなみにマリアナ沖海戦時のアメリカ海軍機動部隊の編成は次のとおりであった。
航空母艦一五隻、戦艦七隻、重巡洋艦九隻、軽巡洋艦一一隻、駆逐艦六六隻、
給油艦一八隻

以上のとおり大規模な機動部隊作戦には給油艦船の存在は欠くことのできないものとなっていたのである。

この特設給油船の活躍に対し、太平洋戦争中における既存の「知床」級給油艦の活動は、そのすべてが占領後の南方石油産出地から日本国内の海軍燃料廠向けの重油や原油の輸送、さらに南方石油基地から太平洋各地の海軍拠点基地に対する重油の輸送用に運用されていた。そしてそのすべてが行動中に敵潜水艦の雷撃で撃沈されるか、あるいは大破行動不能の状態

で終戦を迎えている。

また艦隊用給油艦として建造された「風早」「速吸」、そして「針尾」も本来の目的で運用されたのは、「速吸」がマリアナ沖海戦に随伴しただけで、まったくの期待外れで終わっているのである。

「風早」は南方石油基地から日本や海軍拠点基地へ向けての重油などの輸送に運用されたが、建造後わずか七ヵ月で敵潜水艦の雷撃で撃沈された。「速吸」はマリアナ沖海戦において給油艦として参加したが、このときは本来の目的の一つである艦上攻撃機の搭載はなく、給油のみの目的で参加しただけで終わっている。そしてそれからわずか三ヵ月後に、南方石油環送のためマニラ経由でボルネオ島の石油基地に向かったが、途中、敵潜水艦の雷撃で失われた。

航空機用揮発油給油艦として完成した「足摺」級や「洲崎」級の四隻も、「洲崎」がマリアナ沖海戦を前に空母機動部隊がボルネオ島近傍の集結地で訓練中、ボルネオ島のバリックパパン石油基地から航空機用ガソリンを集結地の各航空母艦に対し輸送し、その後マリアナ沖海戦に空母部隊に随伴したのが唯一の本来の目的としての実戦参加であった。

そして昭和十九年九月、敵潜水艦の雷撃で撃沈された。他の三隻（足摺、塩屋、高崎）は奇しくも昭和十九年六月、すべて揮発油輸送中に敵潜水艦の雷撃で撃沈された（「足摺」スル海、「塩屋」セレベス海、「高崎」スル海）。これら三隻は本来の目的に何ら寄与すること

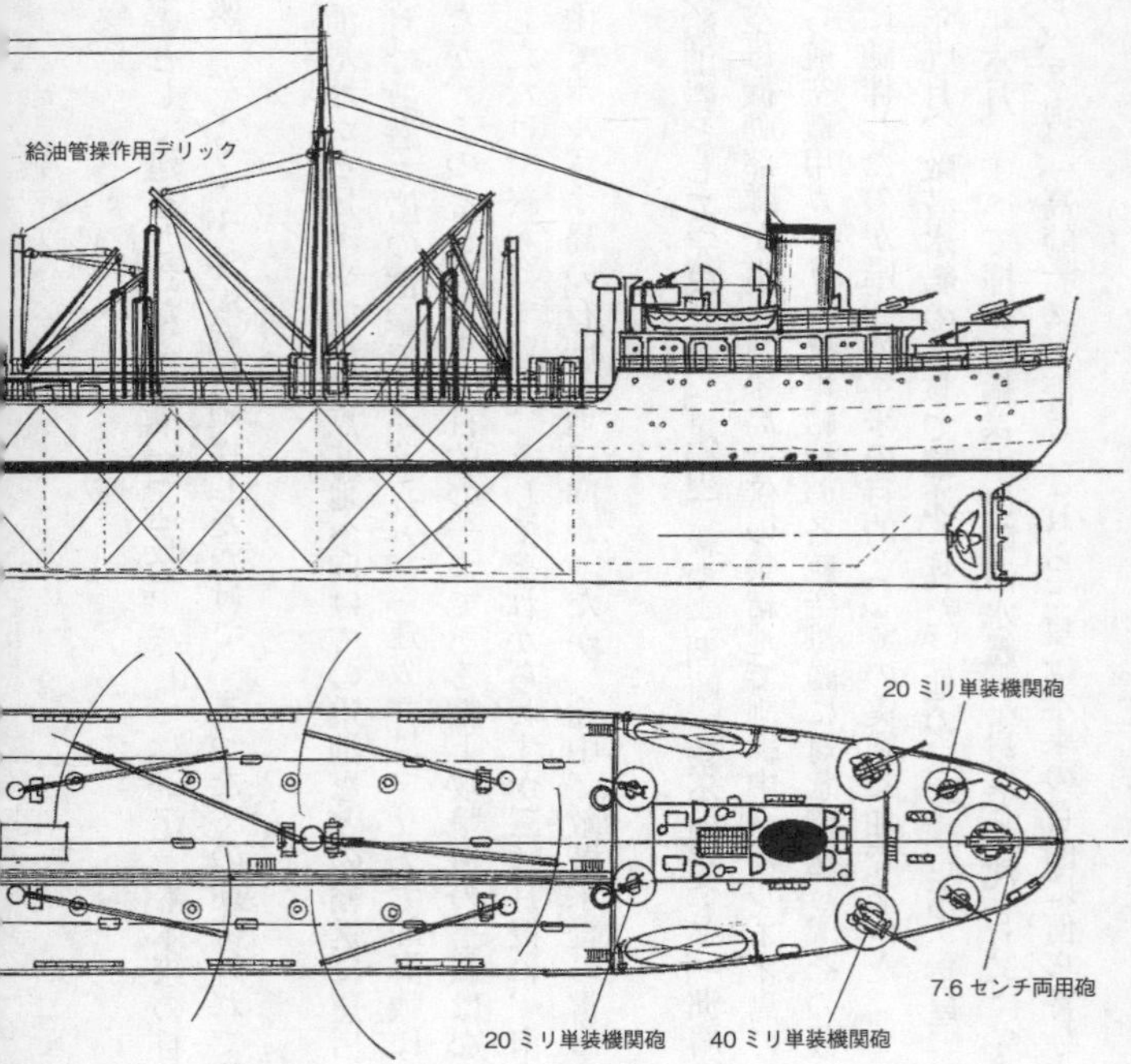

給油管操作用デリック
20ミリ単装機関砲
7.6センチ両用砲
20ミリ単装機関砲
40ミリ単装機関砲

第32図　アメリカ海軍シマロン級給油艦

満載排水量　22430トン
全　　　長　158.5m
全　　　幅　20.7m
主　機　関　蒸気タービン機関1基
最大出力　9000馬力
最高速力　18.0ノット

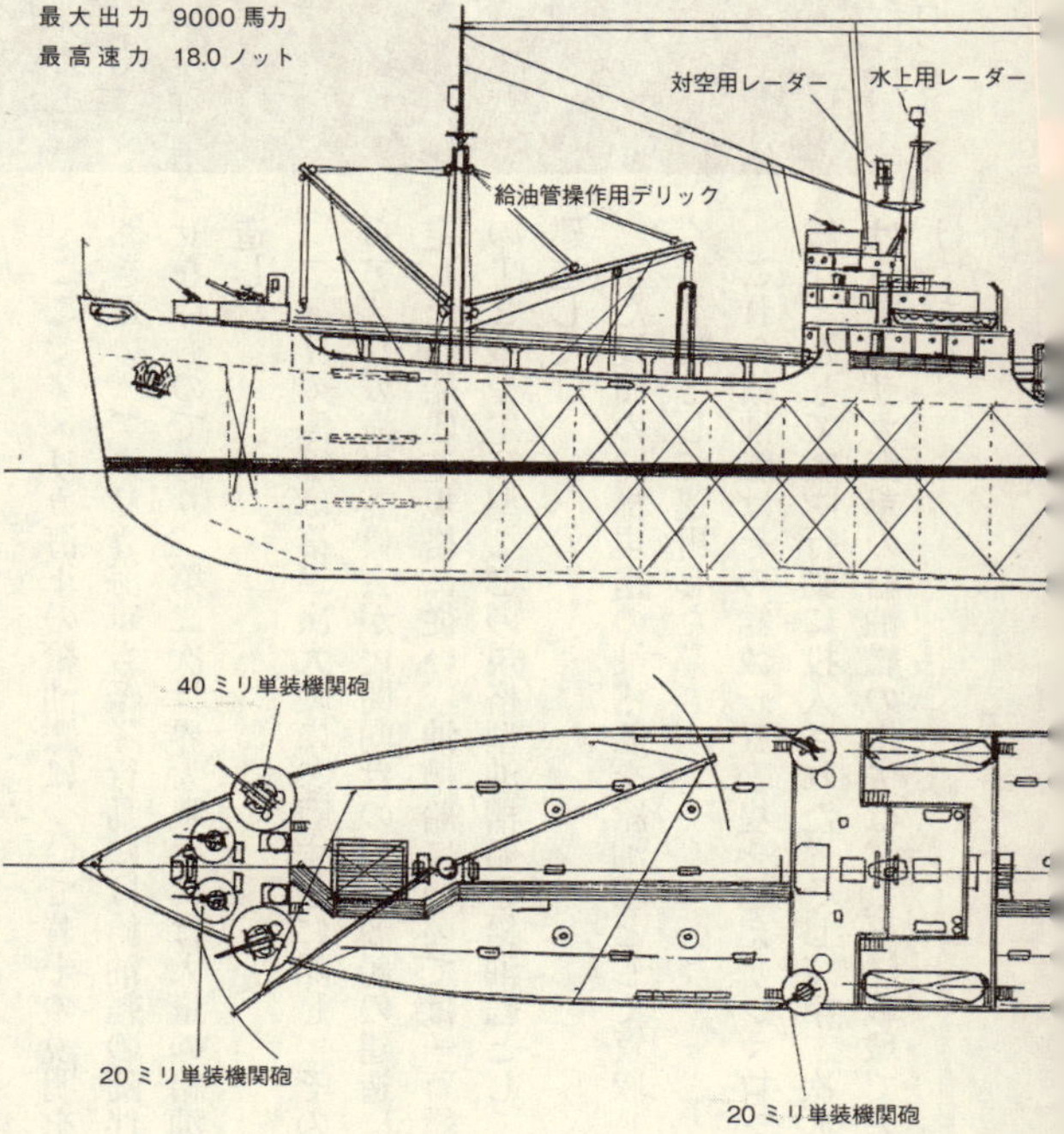

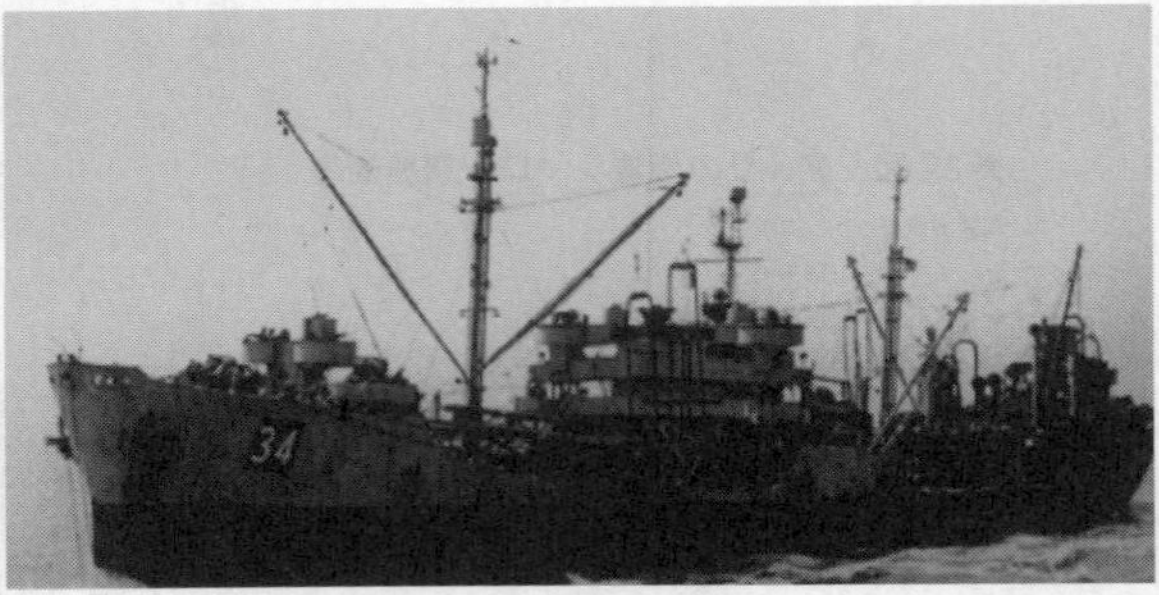

シマロン級給油艦

なく失われた。

ここでアメリカ海軍の給油艦について若干の説明を加えておきたい。アメリカ海軍も艦隊行動には給油艦の随伴は欠かせないものであり、第二次世界大戦中には大量の給油艦を建造した。

アメリカ海軍は第二次大戦に参戦するに際し、その直前からアメリカ海事委員会が民間向けの各種商船の建造に際し規定した商船建造規格に従い、油槽船については一万総トン級のT2型やT3型などの規格型油槽船を給油艦として大量に建造した。

また民間の同様規格の油槽船を給油艦として買収し、同じく給油艦として運用した。

これら給油艦はその総数一五〇隻を超え、シマロン級給油艦などとして艦隊行動に投入された。そして第二次大戦における アメリカ海軍の給油艦の損失は、太平洋戦域での六隻だけである。

シマロン級給油艦の要目は次のとおり。

総トン数　一万トン
満載排水量　二万二四三〇トン
全長　一五八・五メートル
全幅　二〇・七メートル
主機関　蒸気タービン機関一基（一軸推進）
最大出力　九〇〇〇馬力
最高速力　一八・〇ノット
武装　七・六センチ単装砲一門
四〇ミリ単装機銃四門、二〇ミリ単装機銃八門

第四章　病院船

病院船とは

第二次世界大戦の勃発時点で世界の中で正規の病院船を保有していた海軍はない。これは平時において艦隊勤務の将兵が一度に多数の傷病を引き起こす事態は少なく、病院船を保有する必要性がないためである。ただ有事に際しては艦艇乗組員に多数の傷病者が発生する可能性は、とくに第一線においては極めて高く、各艦艇の持つ医療施設での治療では限界があり、艦隊の拠点基地などへの病院船の配置、あるいは巡回病院船の運航は必要不可欠となる。

多数の病院船が誕生したのは第一次世界大戦で、このときは地中海東部で展開されたガリポリ上陸作戦で生じた大量の陸軍将兵傷病者の治療と、拠点基地あるいは本国への送還に病院船が不可欠となり運用されたのがそのきっかけであった。

このときには多数のイギリスの大型客船が特設病院船として徴用され、傷病兵の治療と輸送に活躍した。

日本海軍が最初の病院船を運用したのは日清戦争のときで、日本郵船社の小型貨客船神戸丸（総トン数二九〇一トン）が病院船第一号として徴用された。その後日露戦争では神戸丸の他に同じく日本郵船社の小型貨客船西京丸（総トン数二九一三トン）が徴用され特設病院船として運用された。

しかし日露戦争の終結とともに病院船は不在となり、再び日本海軍に病院船が登場するのは三三年後の昭和十三年（一九三八年）のことであった。このときの病院船の任務は、日中戦争の勃発にともない中支方面に進出した遣支艦隊（特別陸戦隊を含む）の海軍将兵の治療活動である。

このとき病院船に指定され徴用された船舶は、近海郵船社が台湾航路に配船していた客船朝日丸（総トン数八九九八トン）であった。

太平洋戦争中に日本は多くの病院船を配船し、これら病院船には二つの系統があった。一つは日本海軍が配船した病院船、もう一つは日本陸軍が配船した病院船である。いずれも後述する国際法に基づいた手続きにしたがい配船されたが、その任務には違いがあった。

海軍が配船した病院船はまさに海に浮かぶ「病院」であった。設備は不十分ながらも様々な診療内容に適応できる設備を準備し、また担当する医師（すべて軍医）は外科、内科、眼科、歯科などの専門診療・処置に携われるスタッフが揃えられていた。そして海軍の作戦範

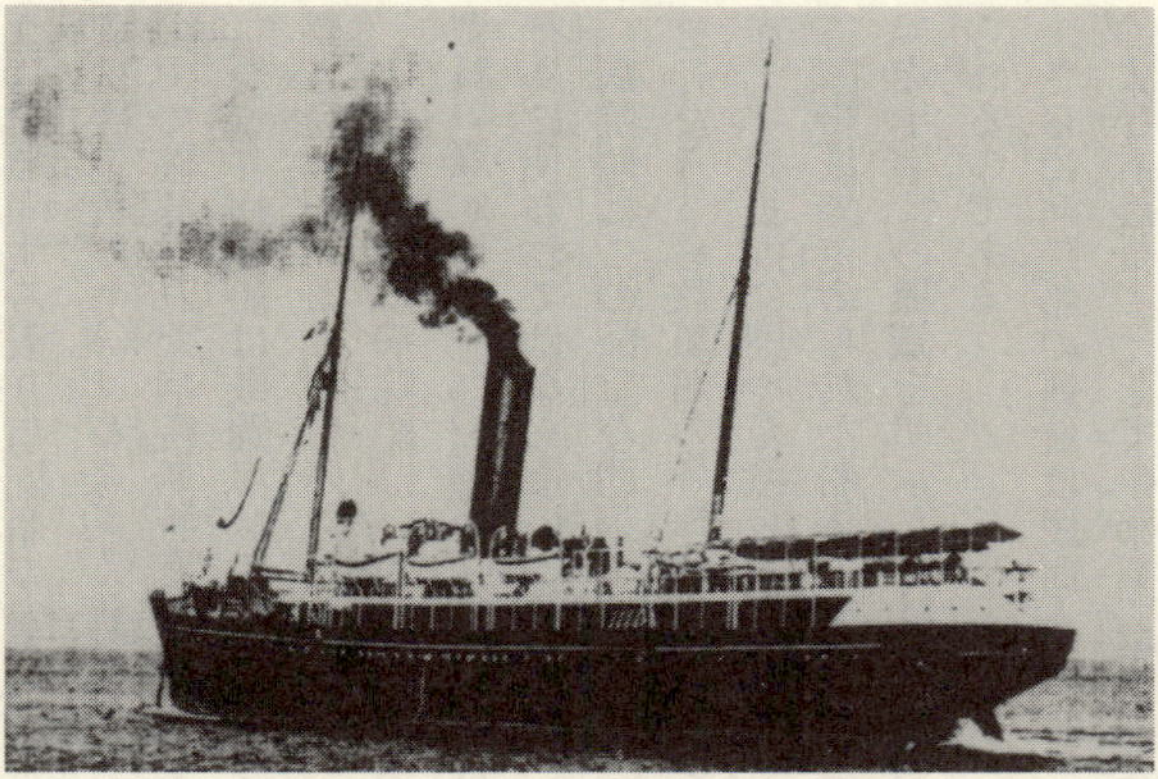

貨客船西京丸

囲をカバーするように不定期ながらの巡回診療を行なうことを目標としており、巡回先では将兵の外来診療や地域の防疫活動も行なっていた。そして発生した重症患者を後方の拠点基地の病院に移送し、さらに日本本国に移送することもその任務となっていた。

一方陸軍の病院船は最低限の医療設備は準備するが、その任務は主に激戦地などで発生した戦傷将兵に対する緊急治療処置、そして彼らの後方基地（野戦病院）への輸送や日本本国への輸送にあった。

ここで病院船に関わる国際的な規則について説明を加えておきたい。

病院船が海軍の正規艦艇や特設艦艇、さらに陸軍の他の徴用商船と大きく違うことは、病院船の指定を受けた船舶は、病院船に定められた国際法を厳格に守らなければならないということである。病院船はいかなる戦闘行為に加わることも禁じられており、これを順守する限り病院船の安全は確保されるのである。これは一八六四年（元治元年）に制定されたジュネーブ条約が海の戦いにも適用される、という特別な条件で世界共通の認識の中で確認された病院船特有の約束事なのである。

つまり病院船は戦闘海域であろうとそれ以外の海域であろうとも、敵側からのいかなる攻撃も受けないことが保障される船なのである。

そして同時に病院船はいかなる理由があろうとも、将兵の輸送や武器弾薬・戦闘物資（戦闘員の糧食も含む）の輸送を行なってはならず、偵察あるいは哨戒活動など戦闘に協力する行為に使われてはならないのである。

病院船はこの厳重な約束事を順守する証として、運用前に国際赤十字社に対し運用の申請を行なう（当該船舶の各種要目や性能などを含む）必要があり、同時に当該病院船には国際赤十字の規則に則った塗装・標識などを明示しなければならないのである。

国際法で定められた船体の塗装は「白色」であり、船体には認識可能なように様々な形で「赤十字」の標識を明示しなければならない。そして当然ながらいかなる火器の搭載も禁じられるのである。

さらに病院船の運航は民間人（正規の商船乗組員）で行なわれ、病院業務は便乗する軍医および看護員、そして事務員（軍人）により行なわれる。しかし便乗する軍関係者はいかなる理由があろうとも直接、船の運航に関わる「命令」を出すことはできないのである。

日本海軍が太平洋戦争中に運用した病院船は合計六隻であったが、いずれも国際法に基づいた手続きを経て運用され、一部敵側からの攻撃（誤爆や誤銃撃と推定）を受けた場合はあったが、いずれも失われることなくその任務を果たしている。

なお病院船はこのような条件の中で設定されている船であるために艦艇の範疇には入らず、特別に仕立てられた病院船という意味から「特設病院船」という呼称で呼ばれる。

海軍病院船は海に浮かぶ一つの設備の整った病院である。そして病院の運営は病院長となる海軍軍医大佐の指揮下に組織され、各診療科担当の複数の軍医が実務にあたる。

勤務する軍医は軍医学校卒業者や大学の医学部、あるいは医科大学および医科高等専門学校卒業者の中で海軍医官として任官した者がその任にあたる。また各科の医務助手や看護手は海軍内で専門の教育を受けた者が、薬科大学卒業者などの中から海軍薬剤官に任官した者が薬剤師としてその任にあたる。なお日本海軍の病院船には看護婦は乗船しない（数隻の病院船は終戦直後から、主に南洋諸島などの外地に残留した将兵の日本までの帰還輸送に活躍したが、このときは衰弱あるいは傷病元将兵の看護のために日本赤十字社から派遣された看護婦が乗船した）。

病院船に改装される船の船内には診療室、手術室、レントゲン室、薬剤室、各種検査室、病室、そして霊安室や火葬場まで設けられていた。

日本海軍の六隻の病院船

日本海軍は太平洋戦争の勃発以来六隻の病院船を就役させた。次にこれら病院船についてその概要と船歴を紹介する。

病院船朝日丸

日本海軍は日中戦争勃発直後の昭和十二年八月に、日露戦争時の西京丸以来三三年振りに病院船を復活させた。このとき病院船に指名された船が朝日丸である。本船は近海郵船社が台湾航路に就役させていた客船である。

この船はイタリアの南米航路用客船として一九一五年（大正四年）に建造されたダンテ・アリエリ（総トン数八九九八トン）で、近海郵船社が台湾航路の船質改善のために輸入した客船であった。

本船は旅客定員が一等・二等・三等合計九五五名の客船であるが、病院船に指定されたときはすでに船齢二二年の老朽船であった。

一等客室の一部は病院長、軍医、薬剤官および事務担当の経理課士官居室に転用され、他の多くは士官用病室として使われた。また各等の公室（ラウンジ、ダイニングルーム、スモーキングルームなど）の多くは治療室や手術室、あるいは薬剤室や検査室、レントゲン室などに転用され、二・三等客室は下士官兵の病室や看護兵の居室などとして使われることにな

朝日丸

った。

日中戦争当時は拠点基地に在泊し、中国戦線に従軍する海軍特別陸戦隊や航空隊および派遣艦艇乗組員の傷病兵の治療に専念した。

太平洋戦争勃発直後から南方方面侵攻作戦に追随し、海軍陸戦隊将兵や艦艇乗組員の負傷将兵の治療と日本への輸送任務にあたった。

しかし本船は老朽化が進んでおり、また船内の構造が必ずしも病院船に適さない複雑な構造などもあり、昭和十八年に病院船の任務を解かれ、海軍特設輸送船としての任務についたが、昭和十九年二月に瀬戸内海で海難のため全損に帰した。

病院船氷川丸

本船は昭和五年（一九三〇年）に、日本郵船社が北米シアトル航路の改善のために建造した三隻の姉妹貨客船の一隻である。総トン数一万一六二一トン、最高速力一八・三ノットの本船は、竣工以来北太平洋航路の女王として貨客の輸送に活躍していた（姉妹船の日枝丸と平安丸は海軍の特設潜水母艦として徴用されたが、敵潜水艦による雷撃と空母艦載機の空爆で失われた）。

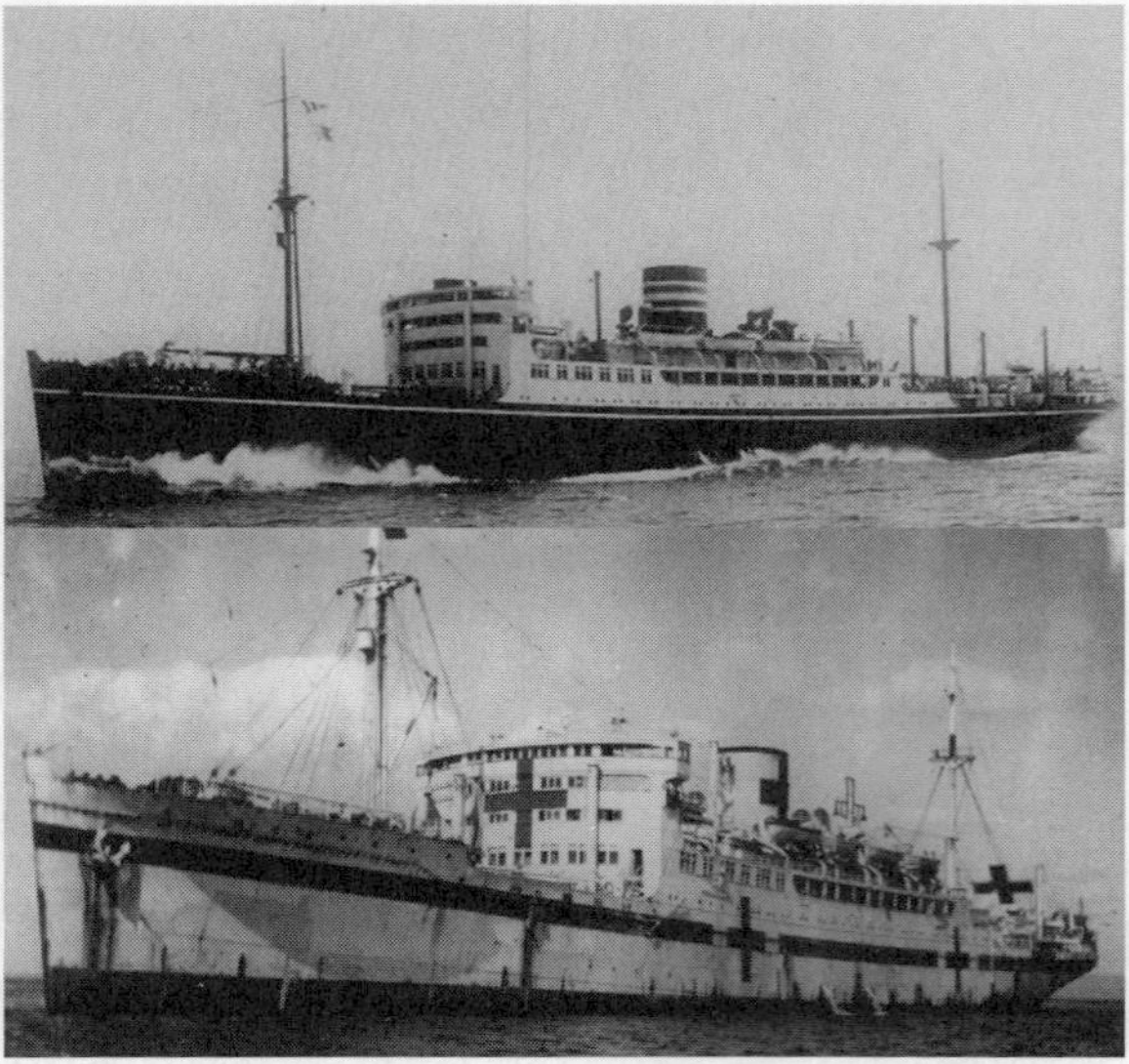
(上)貨客船氷川丸、(下)病院船氷川丸

氷川丸は昭和十六年十一月にアメリカからの引揚邦人を輸送し、直後に本船は海軍に徴用され、病院船に指定された。病院船に徴用された氷川丸は約一ヵ月の改装工事の後、昭和十六年十二月二十一日に連合艦隊付属として運用されることになった。

本船がどのように病院船に改装されたのかは、別図に改装前後の船内配置図を示す。改装の概要は以下のとおりである。

一等船客ラウンジ　士官公室としてそのまま使用
一等客室・特別室　病院長居室
一等客室・個室　病院軍医の居室

一等客室・二人室　　病院勤務士官室および士官病室
　　一部細菌検査および培養検査室
一等喫煙室　　病院事務室
一等読書室　　病院資料室
一等食堂　　病院軍医・勤務士官食堂
二等喫煙室　　下士官兵用病室
二等食堂　　下士官兵用病室
二等客室　　下士官兵用病室
三等喫煙室・ラウンジ　　病院下士官兵用食堂兼休憩室
三等食堂　　手術室
三等食堂配膳室　　手術準備室
三等客室　　下士官兵用病室・一部X線室・酒保（売店）
第二甲板船首船倉　　薬剤倉庫
第三甲板貨物艙　　病院勤務兵員室および隔離病室
既存診療室　　外来将兵診療室
船尾病室　　霊安室
煙突後部　　火葬設備

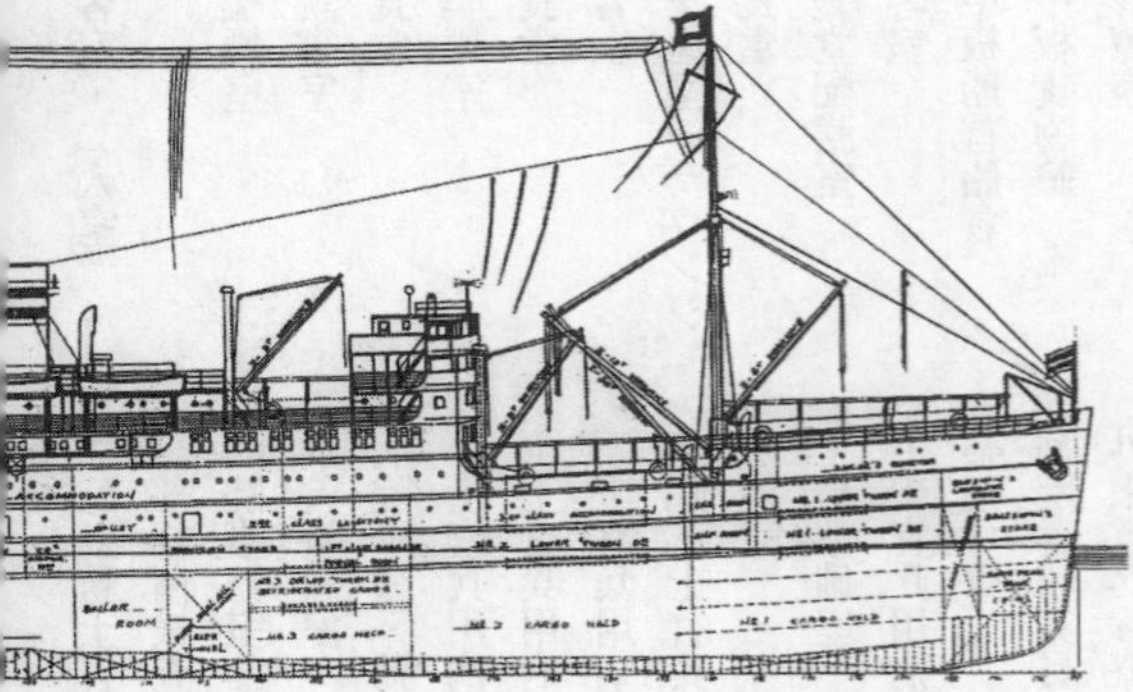

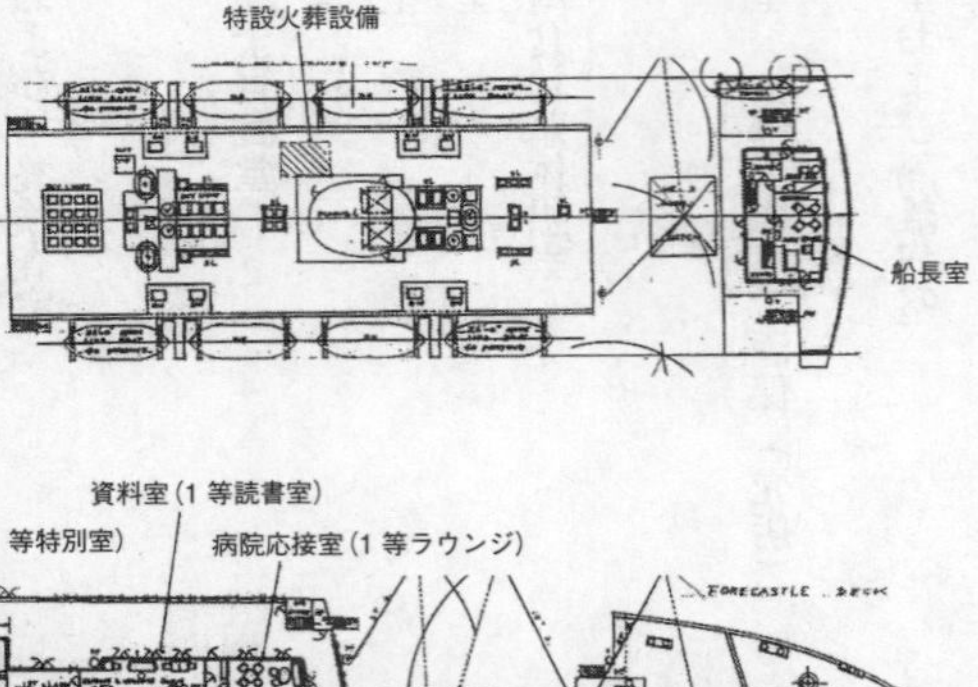
特設火葬設備
船長室

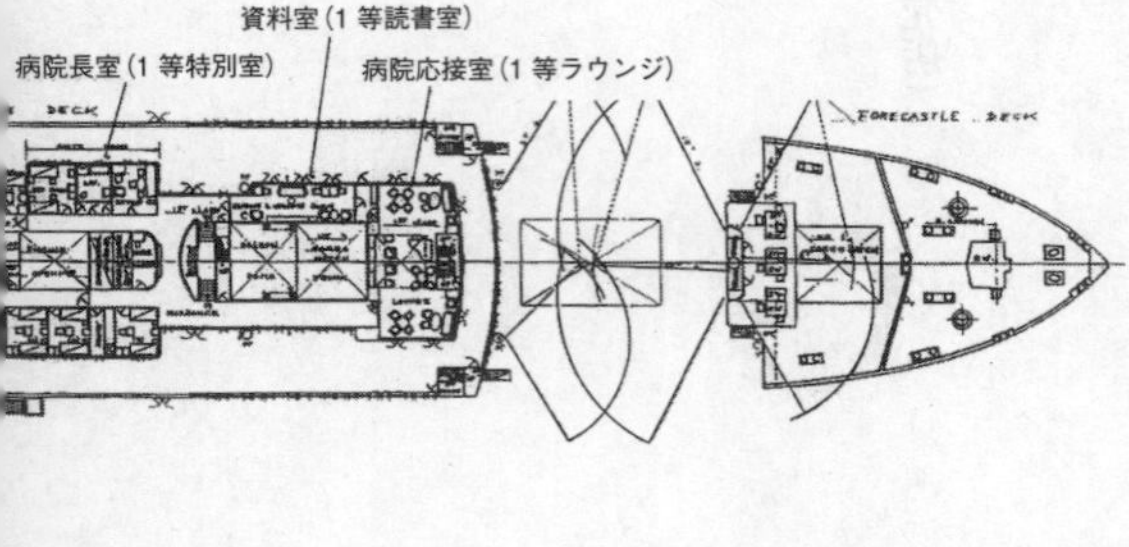
資料室（1 等読書室）
病院長室（1 等特別室）
病院応接室（1 等ラウンジ）
FORECASTLE DECK

第33図　貨客船氷川丸と病院船氷川丸の船内配置比較図 -1

総トン数	11621トン
全　　長	163.3m
全　　幅	20.1m
主 機 関	ディーゼル機関２基
最大出力	11000馬力
最高速力	18.3ノット
旅客定員	1等　72名
	2等　70名
	3等 140名

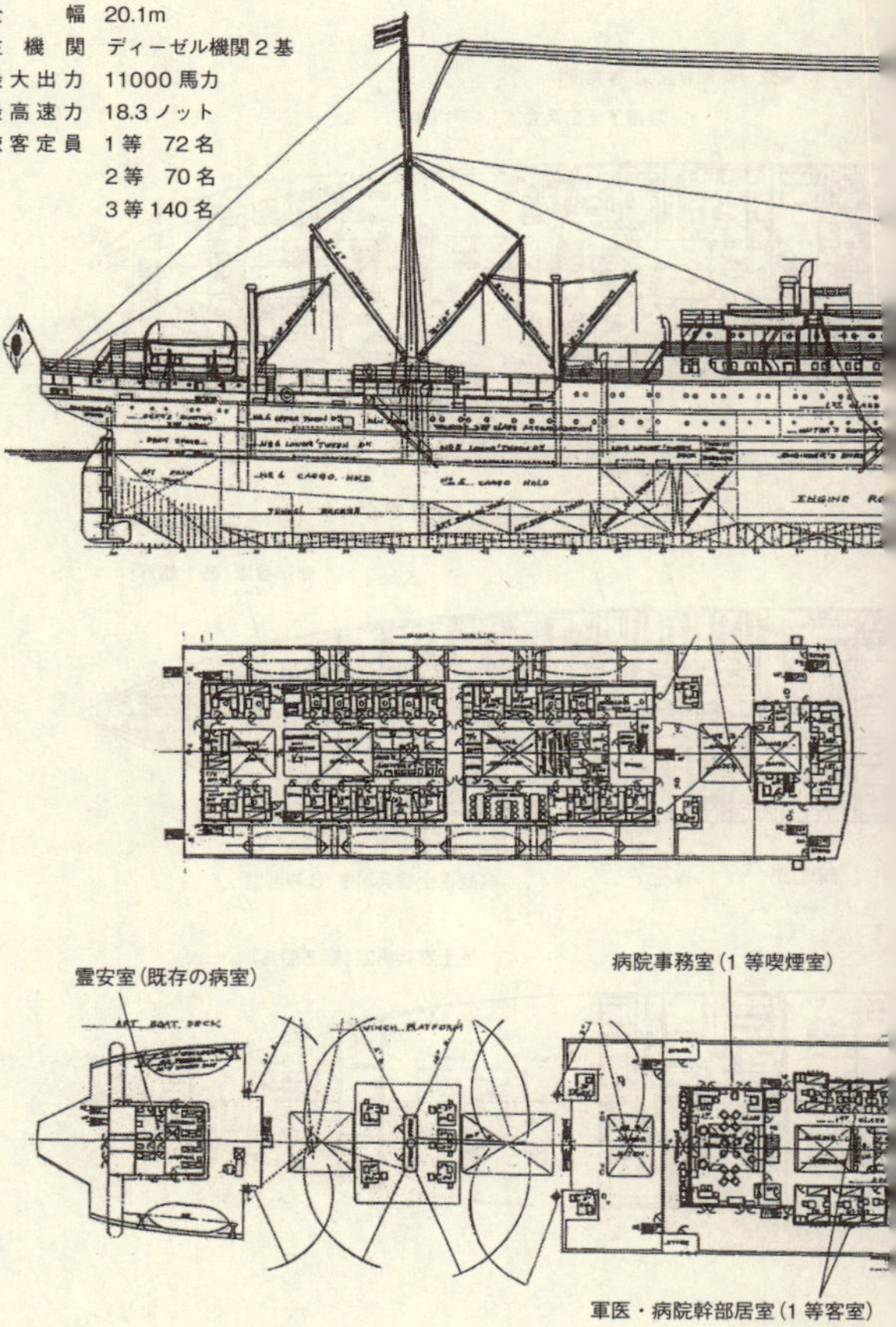

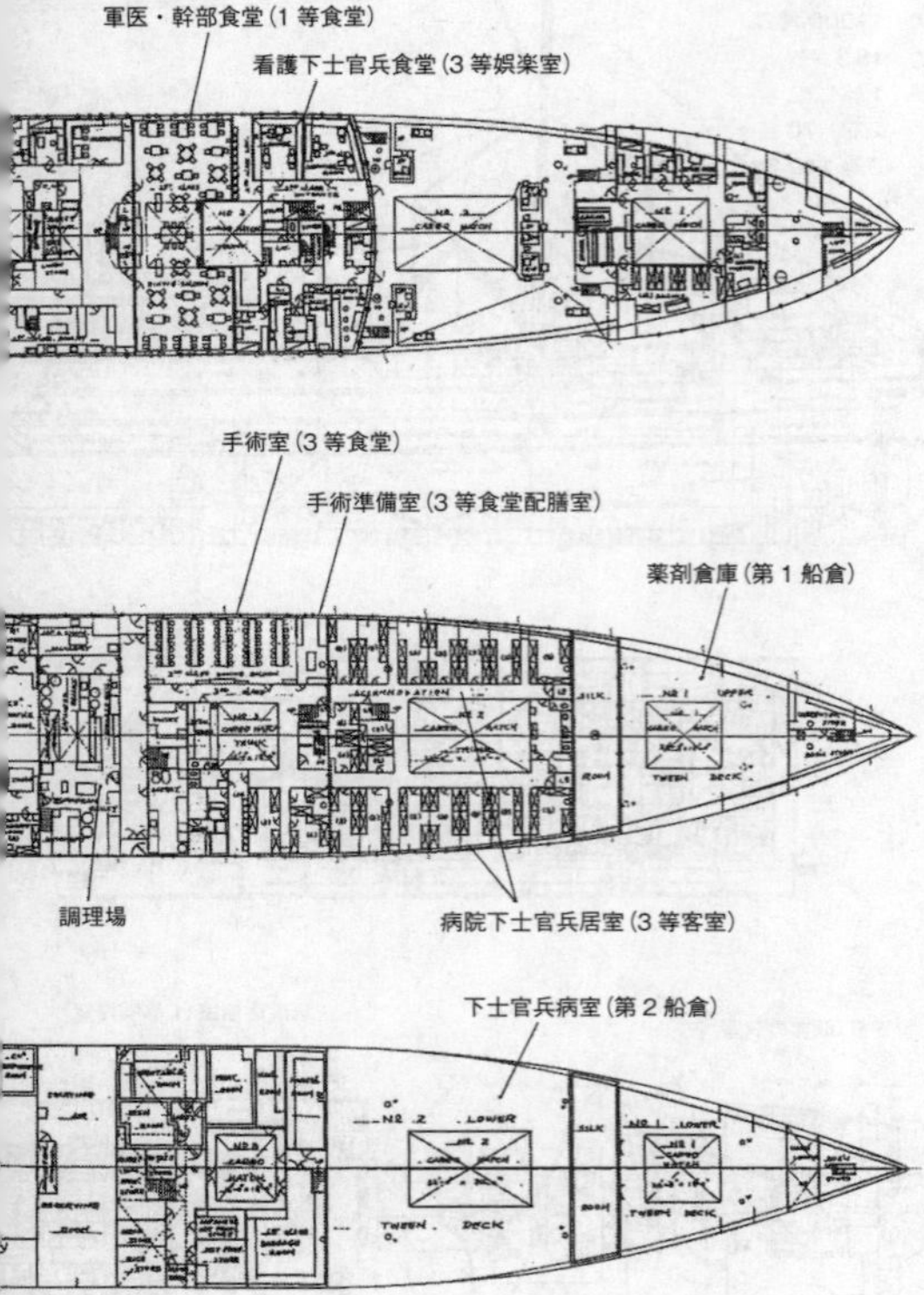

軍医・幹部食堂（1 等食堂）
看護下士官兵食堂（3 等娯楽室）
手術室（3 等食堂）
手術準備室（3 等食堂配膳室）
薬剤倉庫（第 1 船倉）
調理場
病院下士官兵居室（3 等客室）
下士官兵病室（第 2 船倉）

第33図　貨客船氷川丸と病院船氷川丸の船内配置比較図 -2

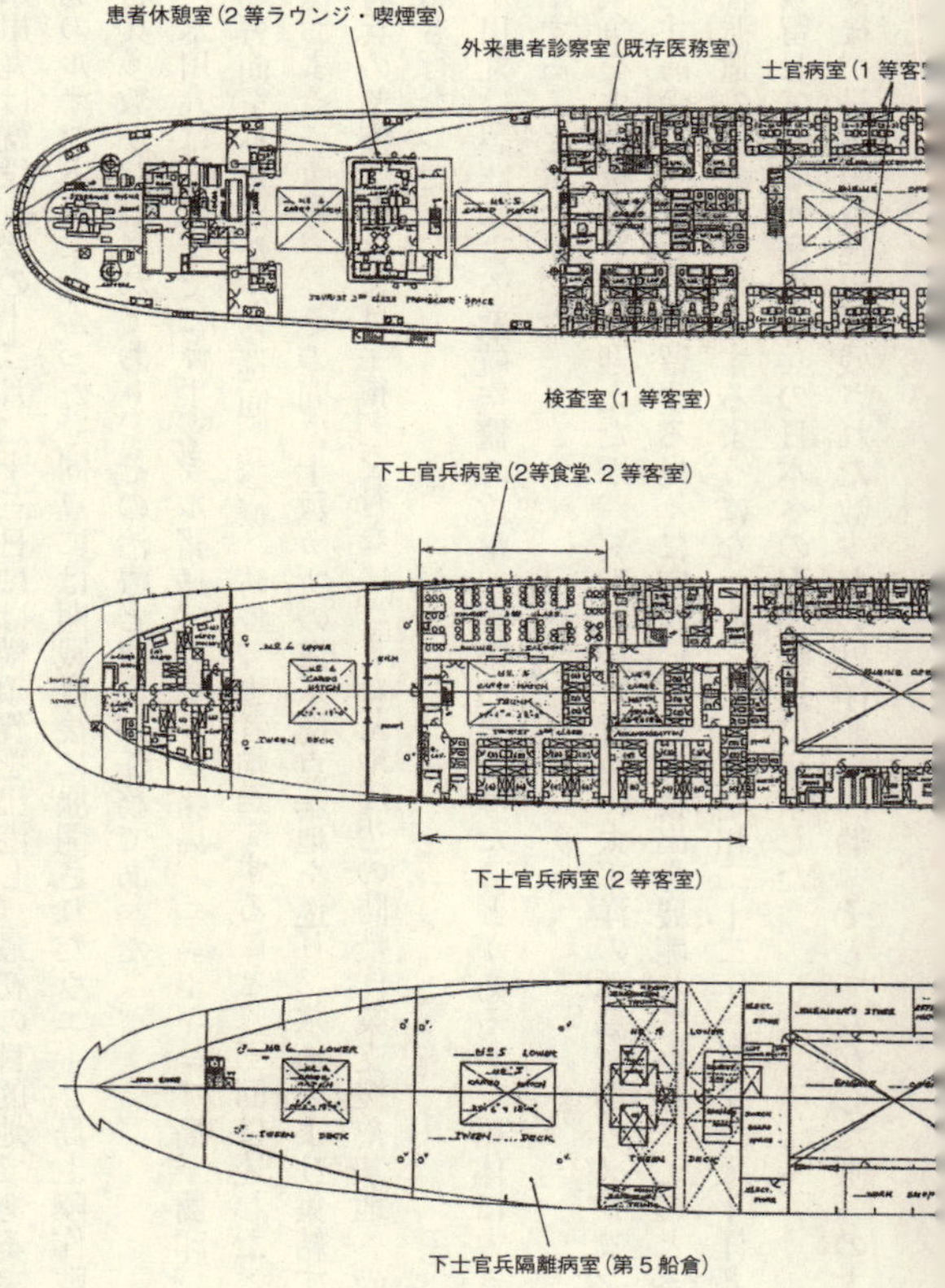

なおプロムナードデッキの一部は患者輸送時の患者居住区域としても使用した。

病院船氷川丸は就役直後の十二月二十三日には横須賀を出港し、最初の目的地であるマーシャル諸島のルオット島に向かった。同島には開戦直後に展開されたウエーク島上陸作戦で負傷した将兵多数が収容されており、その治療と収容が任務であった。

その後、氷川丸は終戦までにマーシャル諸島、カロリン諸島、ニューギニア島、蘭印、ソロモン諸島方面を不定期ながら巡回（診療、防疫、患者輸送）すること二三回に達した。一回の期間はおよそ二ヵ月で、その間に十数ヵ所の海軍拠点基地を巡り、基地および集結する艦艇乗組将兵の診療（ときには手術）を行ない、また基地周辺の防疫作業支援や基地への医薬品の供給も行なった。

この間氷川丸は誤認による敵航空機の攻撃（銃撃）を受けたことがあるが、船体に大きな障害が発生することはなかった。

本船は戦争を生き抜き終戦を迎えたが、終戦直後に直ちに太平洋の孤島であるメレヨン島など、餓死寸前の日本将兵の残留する島々に向かい、その救出を展開している。このときから赤十字社派遣の看護婦が乗船するようになった。そして昭和二十二年一月まで太平洋各地の離島に残留している元海軍将兵の日本への引揚輸送に従事した。

本船は戦後、日本の海運界に残された数少ない外洋航行商船、そして残存した唯一の大型

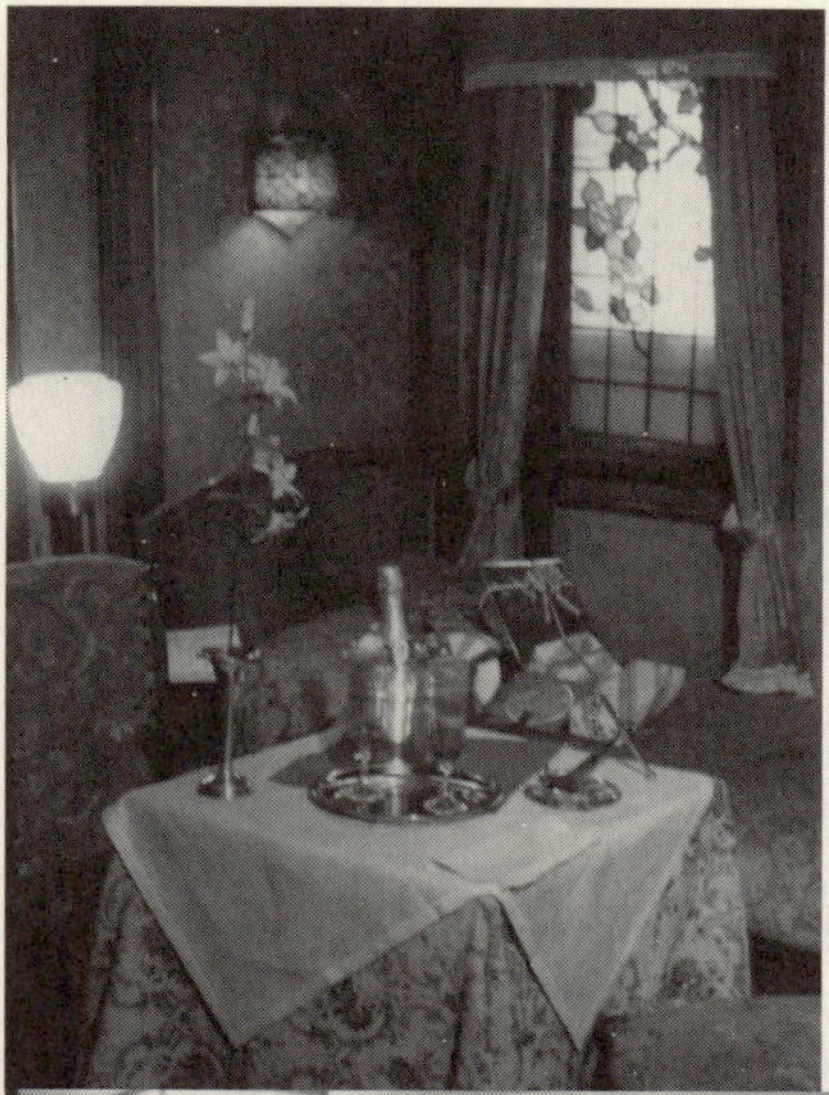

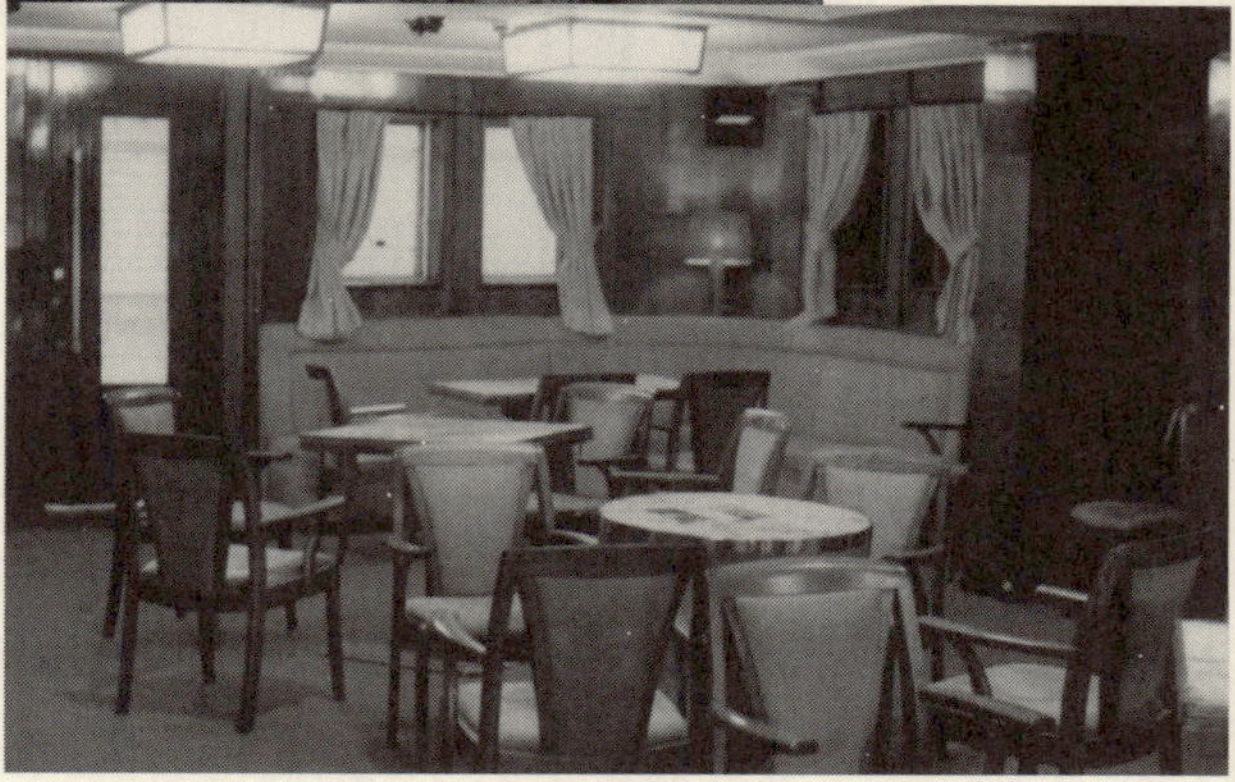

（上）病院長居室になった一等客室・特別室
（下）病因事務室になった一等喫煙室

貨客船として東南アジアやアメリカからの米や小麦粉などの食料品輸送に活躍した。その後氷川丸は昭和二十八年七月に再開された北米シアトル航路用の定期船として貨客の輸送に活躍、昭和三十五年八月末までに六〇航海を行なって、その歴史を閉じた。

現在は日本に残存する唯一の戦前型外洋貨客船として、横浜に記念船として保存・展示されている。

病院船高砂丸

高砂丸は大阪商船社が優秀船舶建造助成施設の適用を受け、昭和十二年に建造した台湾航路（阪神・台湾間）用の客船である。総トン数九三一五トン、最高速力二〇・二ノットの本船は、一・二・三等船客合計九〇一名が乗船し、五〇〇〇トンの貨物の搭載も可能であった。

本船の船内配置は前項の氷川丸に比較し、客船としては極めて簡潔明瞭にレイアウトされている。その配置はまるで本船を将来病院船として運用することを示唆しているようにも見えるのである。上甲板のレイアウトなどは手術室、診療室、検査室、器具準備室などを大幅な改装も行なわずに直ちに転換できるようになっている。また上甲板右舷にはこの程度の規模の船には不釣り合いな、立派な手術台を備えた広い診療室も配置されているのである。

本船は昭和十六年十二月初めに海軍に徴用され、病院船に転換の改装工事が開始された。そして同月末に改装作業は完了し、直ちに連合艦隊付属として任務につくことになった。

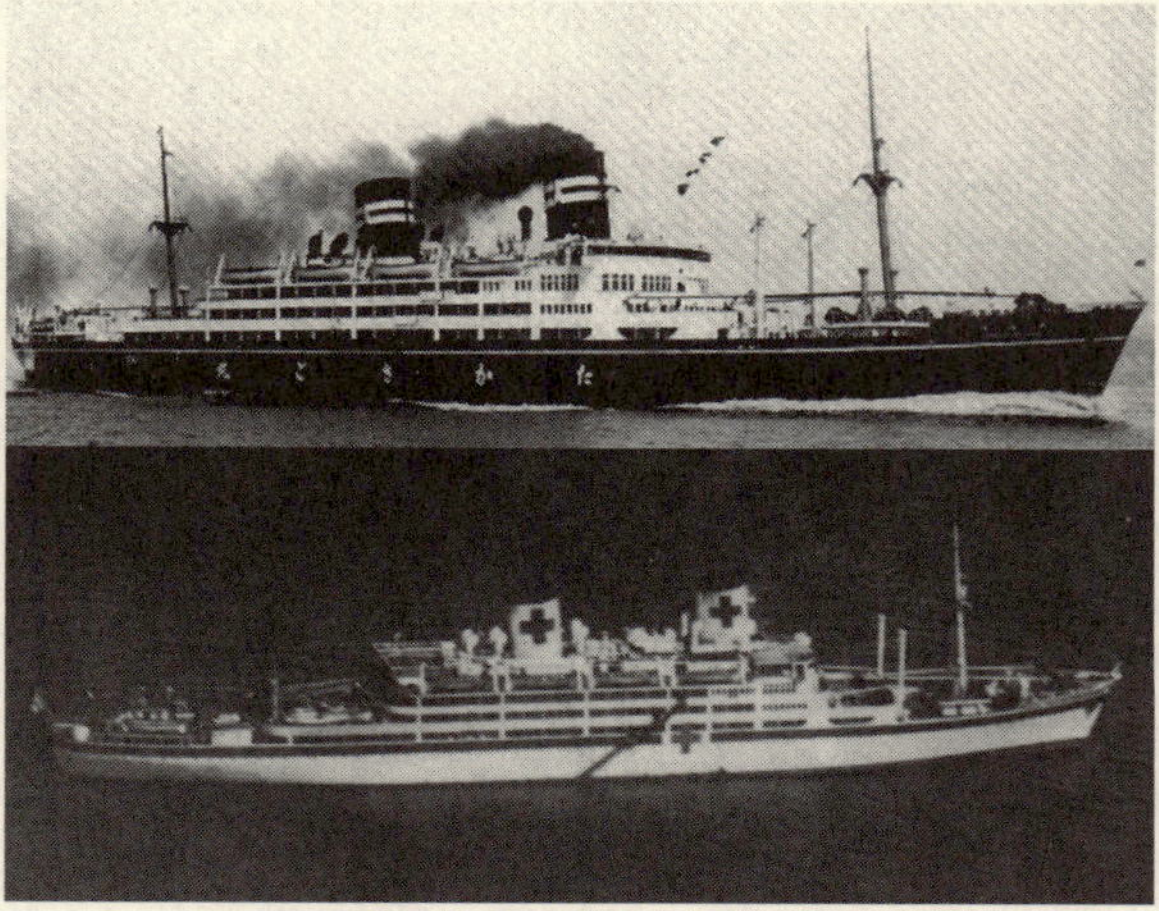

（上）客船高砂丸、（下）病院船高砂丸

船の規模から判断すると、本船の病院船としての規模や設備は氷川丸と同等であったと推察できる。

高砂丸は病院船として就役すると、東南アジアから太平洋海域に点在する日本海軍の拠点や集結する艦隊に対する医療巡回活動を開始している。

氷川丸も高砂丸も病院としての規模は、地方都市の総合病院に近い機能・能力を持っていたと判断できる。両船ともに寄港した先々では駐留将兵の疾病患者に対する外来診療や手術も行なっているが、そのようすは海に浮かぶ病院にふさわしいものであった。

高砂丸は行動期間中に敵の攻撃を受けたことは複数回あるが、幸いに沈没の危機はまぬかれている。

高砂丸の名前は終戦後、中国やソ連に抑留

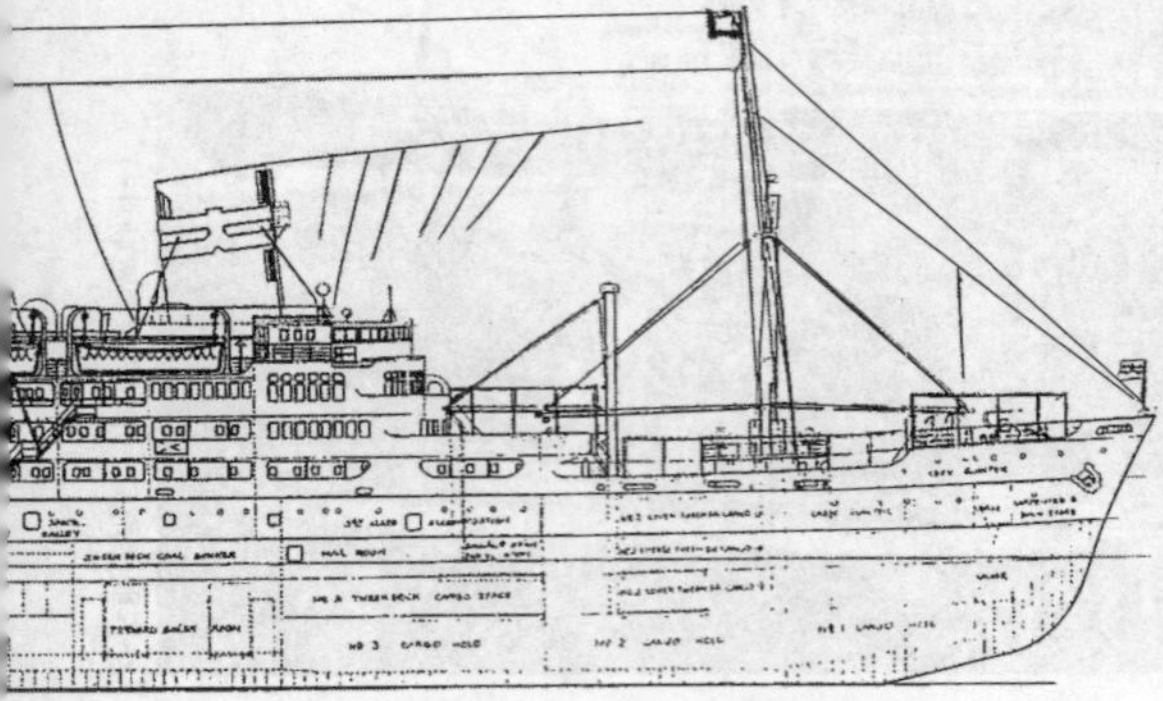

ボートデッキ

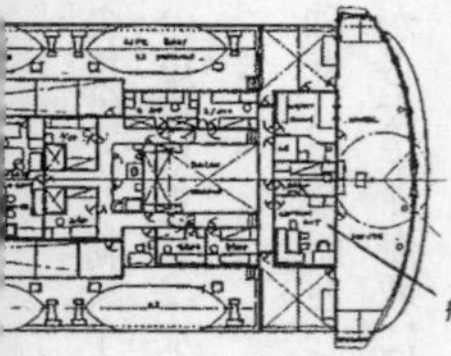

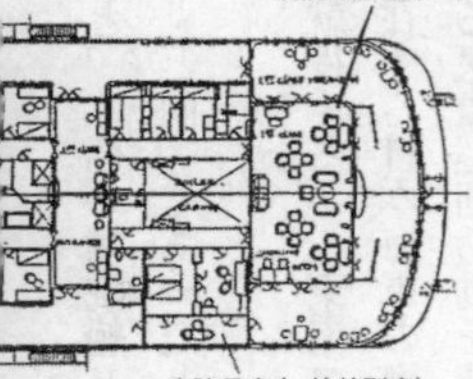

第34図　客船高砂丸の船内配置図 -1

総トン数　9315トン
全　　長　150.1m
全　　幅　18.5m
主 機 関　蒸気タービン機関2基
最大出力　12641馬力（合計）
最高速力　20.2ノット
旅客定員　1等　45名
　　　　　2等　156名
　　　　　3等　700名

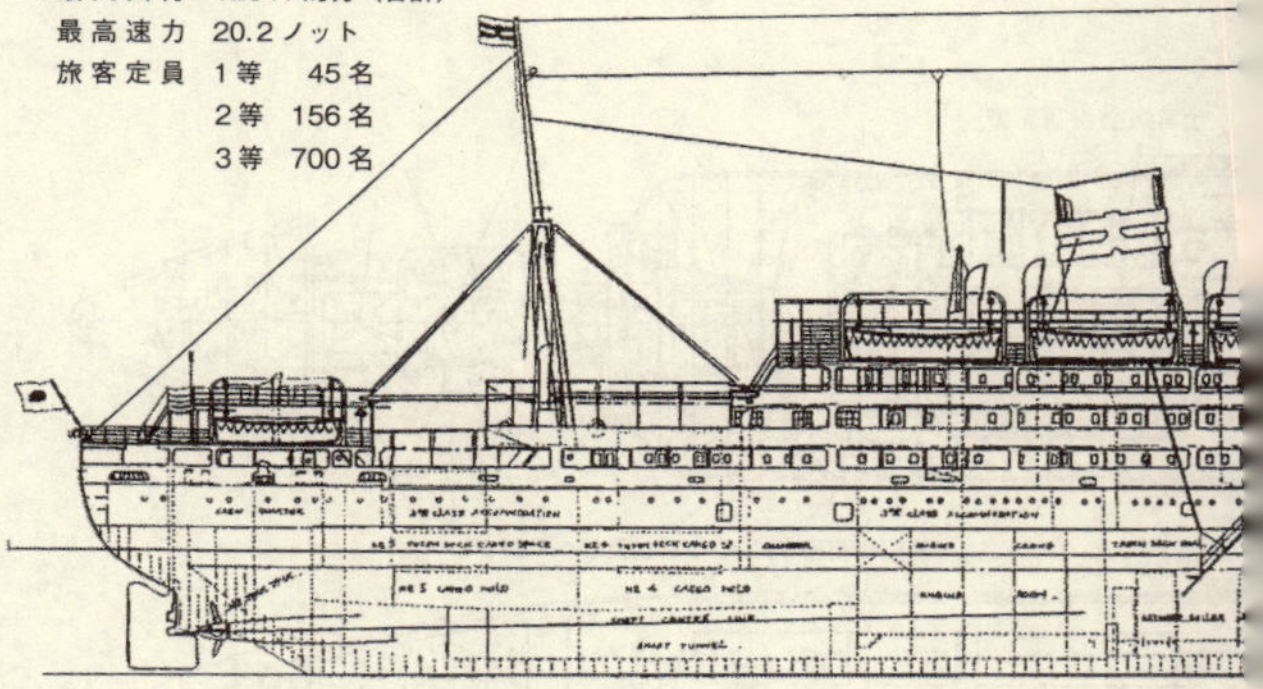

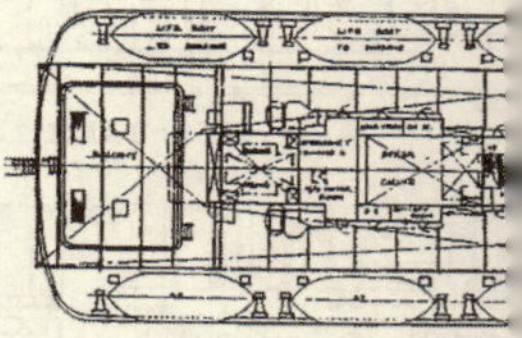

軍医・病院幹部食堂（1等食堂）　軍医・病院幹部居室（1等客室）

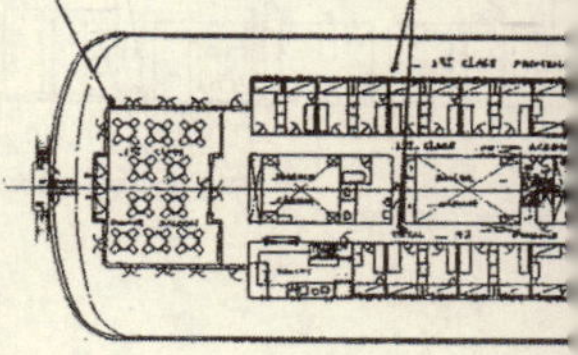

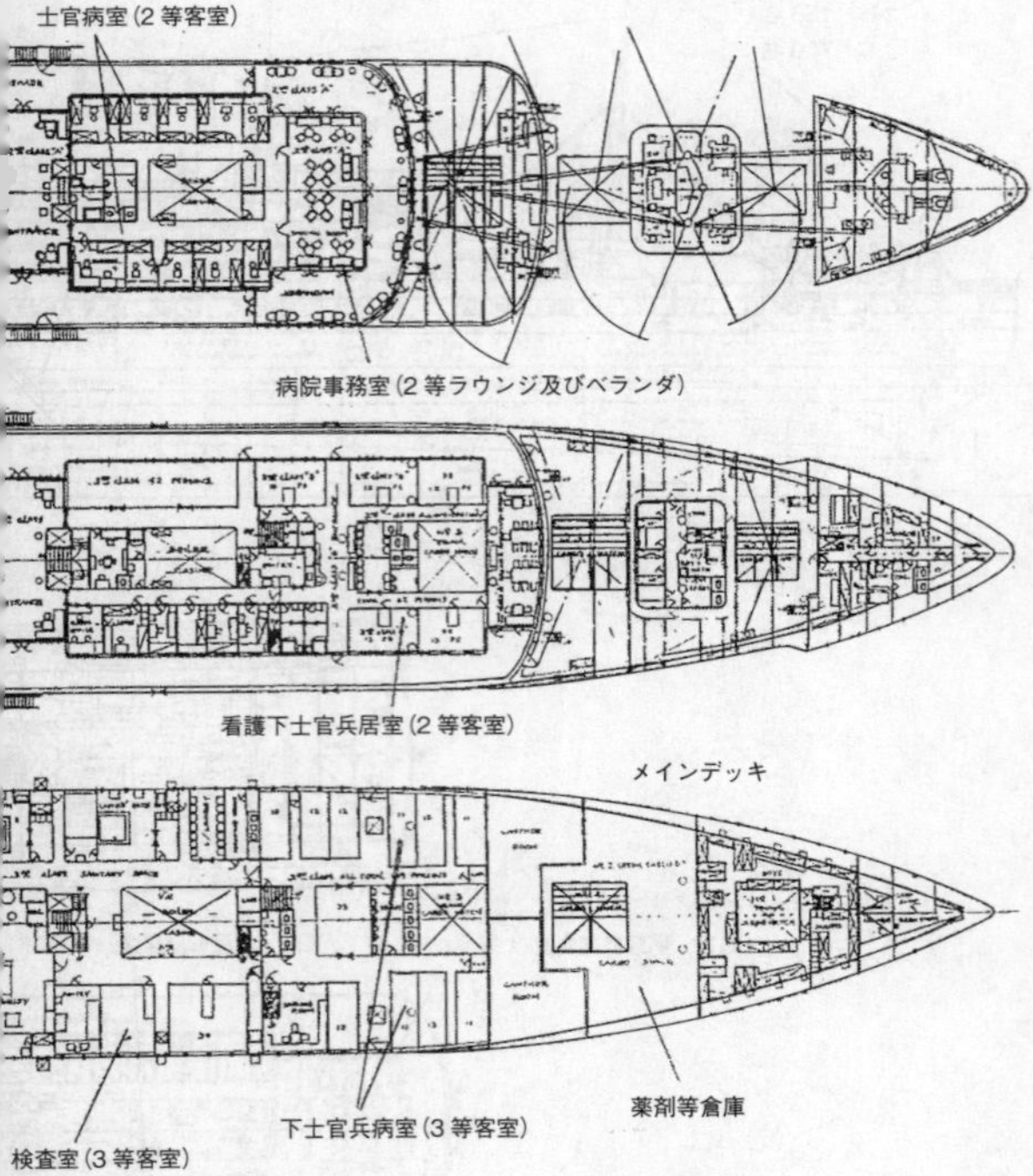
士官病室（2等客室）
病院事務室（2等ラウンジ及びベランダ）
看護下士官兵居室（2等客室）
メインデッキ
薬剤等倉庫
下士官兵病室（3等客室）
検査室（3等客室）

第 34 図　客船高砂丸の船内配置図 -2

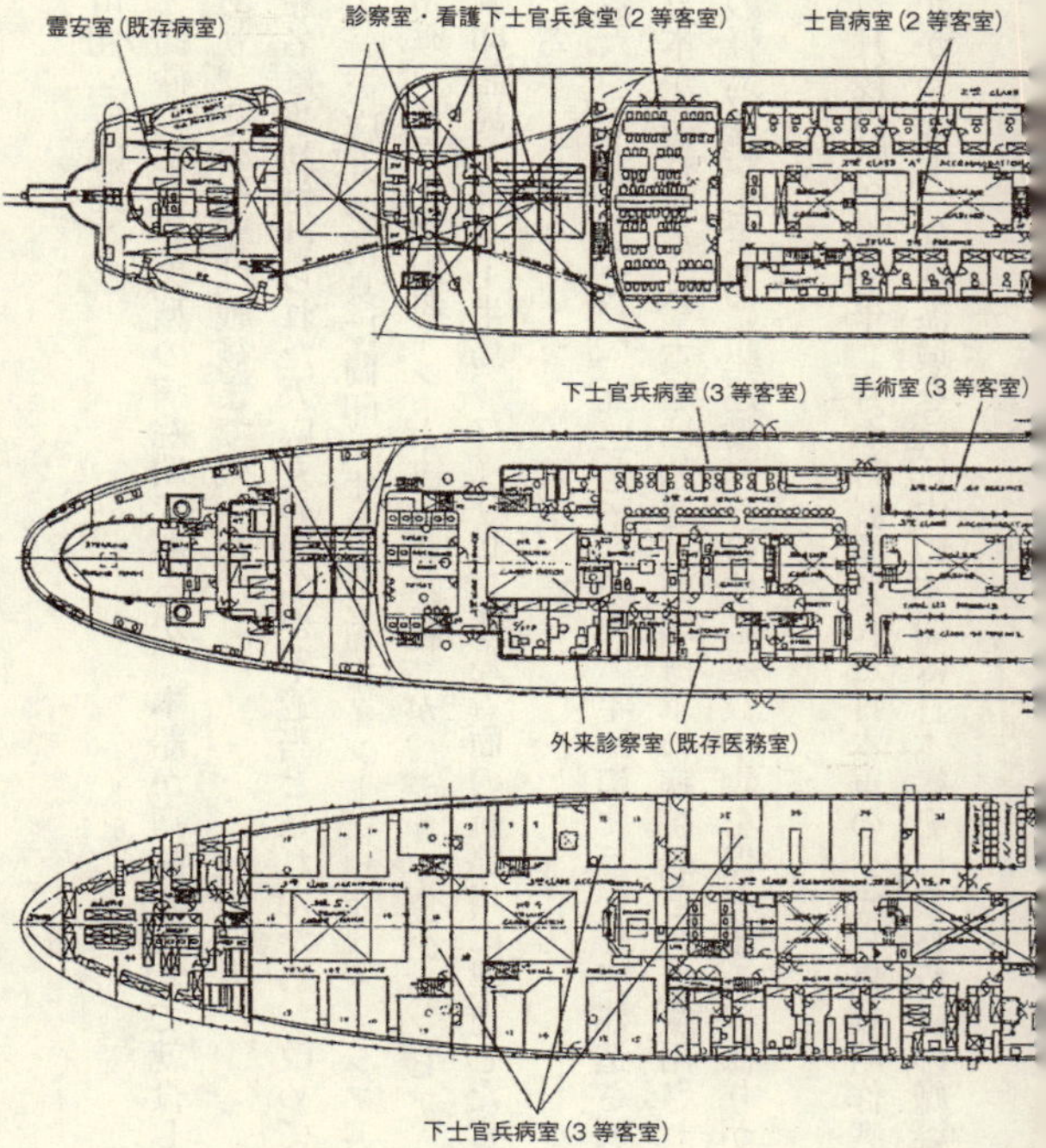

されていた元日本陸軍将兵の引揚活動に活躍し、国民にその名が広く知られるようになったが、昭和三十一年に解体された。

病院船第二氷川丸（天応丸）

本船は氷川丸と高砂丸に次ぐ大型の病院船であるが、本船が病院船として就役した背景には複雑な事情があり、その影響は戦後まで残った。

第二氷川丸の船名は当初付けられた天応丸の船名が不適当とされたため、改めてつけられた船名なのである。天応丸の前身は蘭印（オランダ領東インド／現インドネシア共和国）の海運会社（ＫＰＭ社：オランダ領東インド王立郵船会社）が、ジャワ島のバタビア（現ジャカルタ）を起点に蘭印諸島、マレー半島、フィリピン諸島方面の航路用に建造した貨客船オプテンノール号である。

本船は総トン数六〇七六トンで、一九二七年（昭和二年）にオランダで建造された。一九四一年十二月に日本が開戦すると、本船は急遽、蘭印海軍の病院船として徴用された。当時の同海軍は三隻の軽巡洋艦を主力に駆逐艦やその他艦艇数十隻を保有する、侮りがたい戦力を持っていた。

しかし開戦二ヵ月後の昭和十七年二月から展開された日本軍のジャワ島攻略作戦の際、病院船であるにもかかわらず、作戦海域を航行中の本船は日本艦艇に偵察行動の嫌疑をかけられ臨検の後拿捕され、その後乗組員全員は日本国内に終戦時まで抑留されることになった。

この行為は病院船に関する国際法に日本側が完全に違反したことになったのであるが、日本側はこの行為を秘匿し、オプテンノール号は日本本国に回航され、その後病院船として運用されることになった。このとき船名は「天応丸」とされたのである。そして本船がオプテンノール号であることをカモフラージュするために、船体に幾つもの改造を行ない昭和十八年（一九四三年）四月から病院船として就航させたのであった。

本船は就役以来氷川丸や高砂丸と同様の任務につき、南方戦域での医療活動を展開したが、その詳細は一切不明である（日本海軍としては本船の存在自体を隠蔽したいがために、後に残る行動の一切を抹消したい意向があったはずである）。

実際に本船が行動する際に、「天応丸」の船名が「天皇」に通じる不敬に相当するものとされ、就役後船名は第二氷川丸と改名された。（改名は昭和十九年四月とされている）。

終戦時、本船は舞鶴に在泊していたが、その直後の八月十九日未明、本船は若狭湾に密かに引き出され船底のキングストン弁を開き沈められた。本船の存在をオランダに秘匿するための処置であった。

しかしオランダ政府はこのオプテンノール号の拿捕後の追及に執拗であった。広島県三次市（現在）の教会施設に収容されていた元オプテンノール号の乗組員はすべて健在であり、その証言を覆すことは不可能であった。また沈められた元オプテンノール号の存在も証明さ

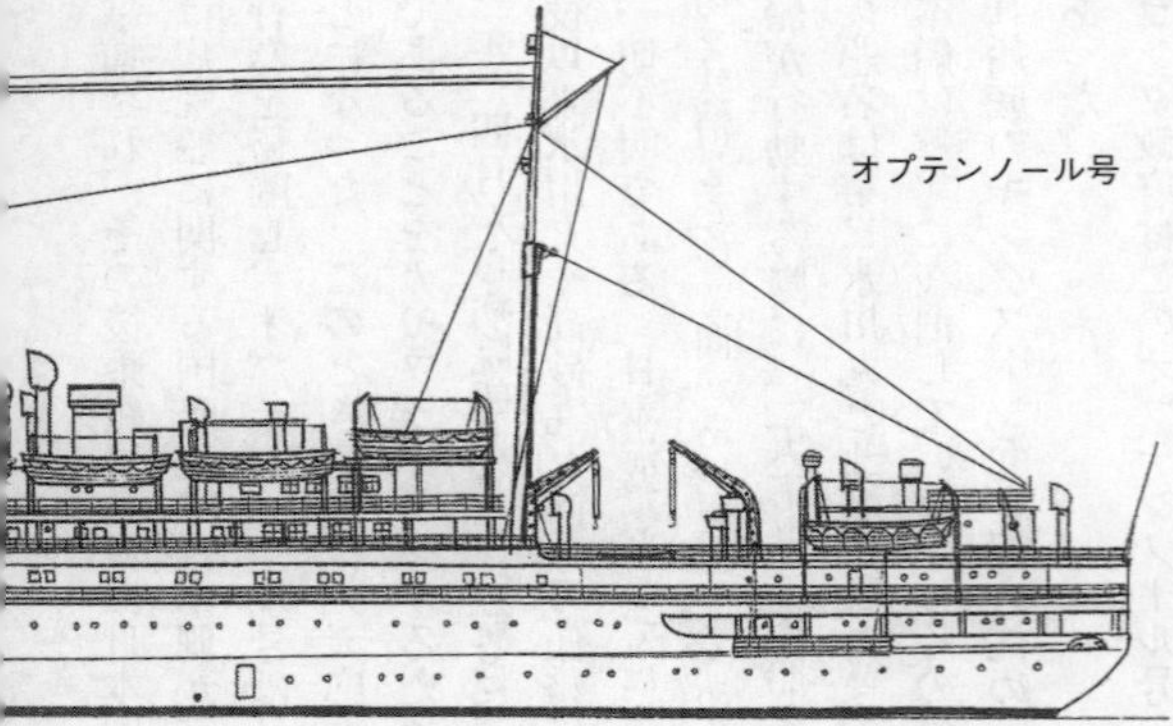
オプテンノール号

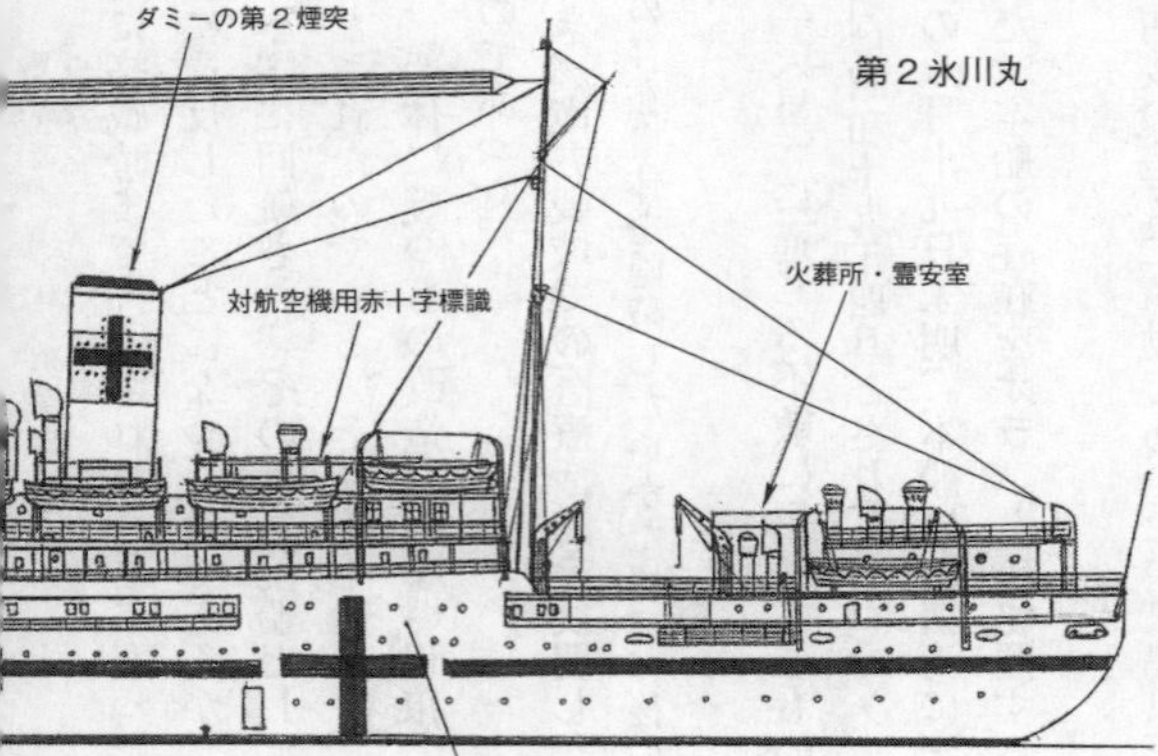
ダミーの第２煙突
第２氷川丸
対航空機用赤十字標識
火葬所・霊安室
開口部閉鎖

第35図　オプテンノール号と第二氷川丸の外観の相違

総トン数　5076トン
全　　長　139.2m
全　　幅　18.1m
主 機 関　レンツ式4衝程レシプロ機関
最大出力　6160馬力（2基合計:2軸推進）
最高速力　17.0ノット
旅客定員　1等　131名
　　　　　2等　52名
　　　　　3等　（デッキパッセンジャー）
　　　　　　　2457名

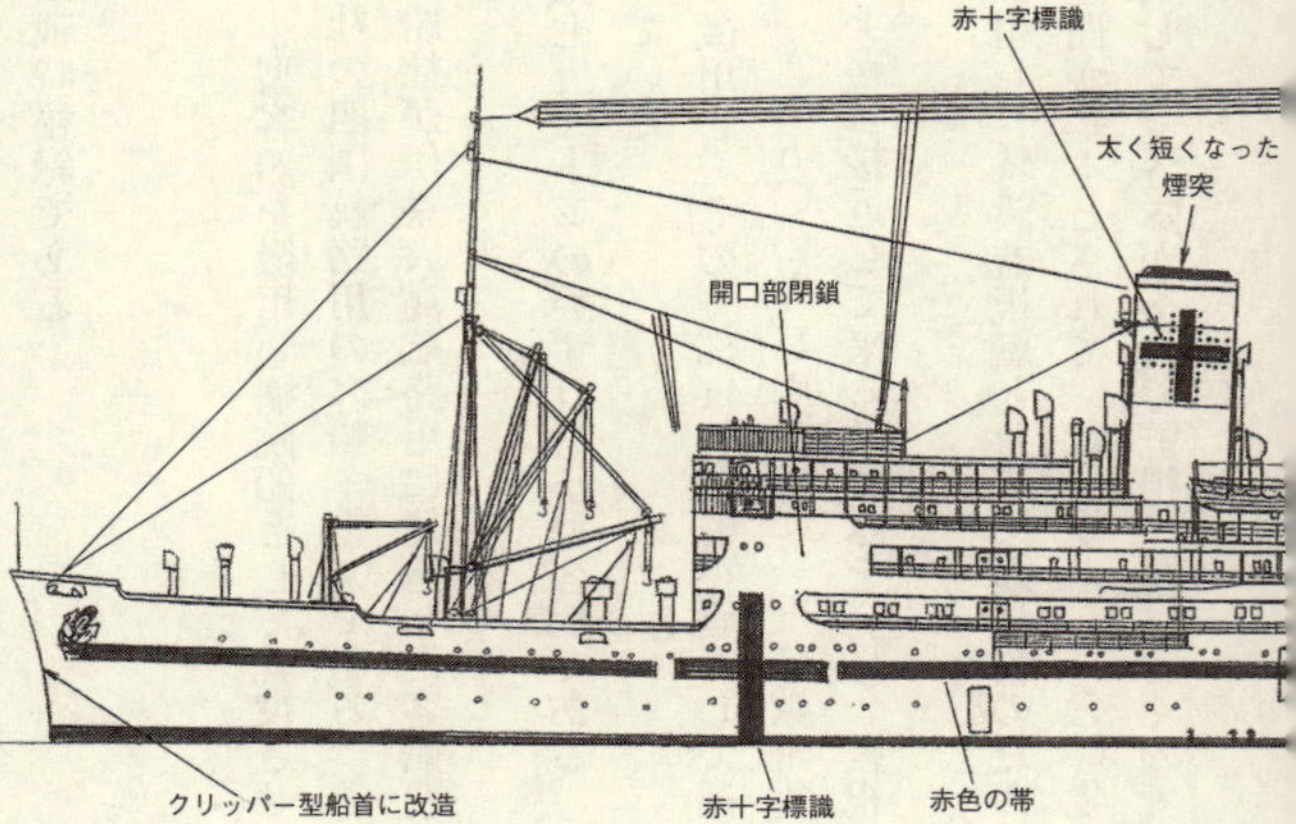

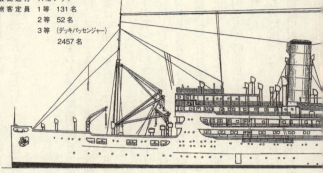

れ日本の条約違反は明らかなものとなり、戦後三三年目の昭和五十五年に日本の賠償が確定し、この事件は解決されることになった。隠された戦時秘録である。

牟妻《むろ》丸と菊丸

日本海軍は前述の四隻の大型病院船以外に二隻の小型客船を徴用し病院船として就役させた。一隻は昭和二年（一九二七年）建造の大阪商船社の四国航路用の客船牟妻丸である。そしてさらに一隻は昭和四年（一九二九年）に東海汽船社が伊豆大島航路用に建造した客船菊丸である。

牟妻丸は総トン数一六〇一トン、菊丸は総トン数七五〇トンのいずれも小型客船である。この二隻の病院船としての任務は先の四隻とは違っていた。

日本海軍は太平洋戦争勃発当初より多数の漁船を徴用し、その一部は特設監視艇として運用した。特設監視艇とは日本本土の東方洋上七〇〇～一五〇〇キロの範囲に一度に数十隻（後には一〇〇隻）の漁船を配置し、日本の東方洋上から接近して来る敵艦隊を発見・監視することを目的とした特務艇である。

これら監視艇は八〇～一二〇トン程度の漁船を徴用し、特設監視艇としてこの任務のために運用されるものであった。一回の監視任務は一週間が基本とされて、数十隻から一〇〇隻の監視艇を一個監視艇隊とし、四個監視艇隊を編成して、各隊が交代で監視任務に行くので

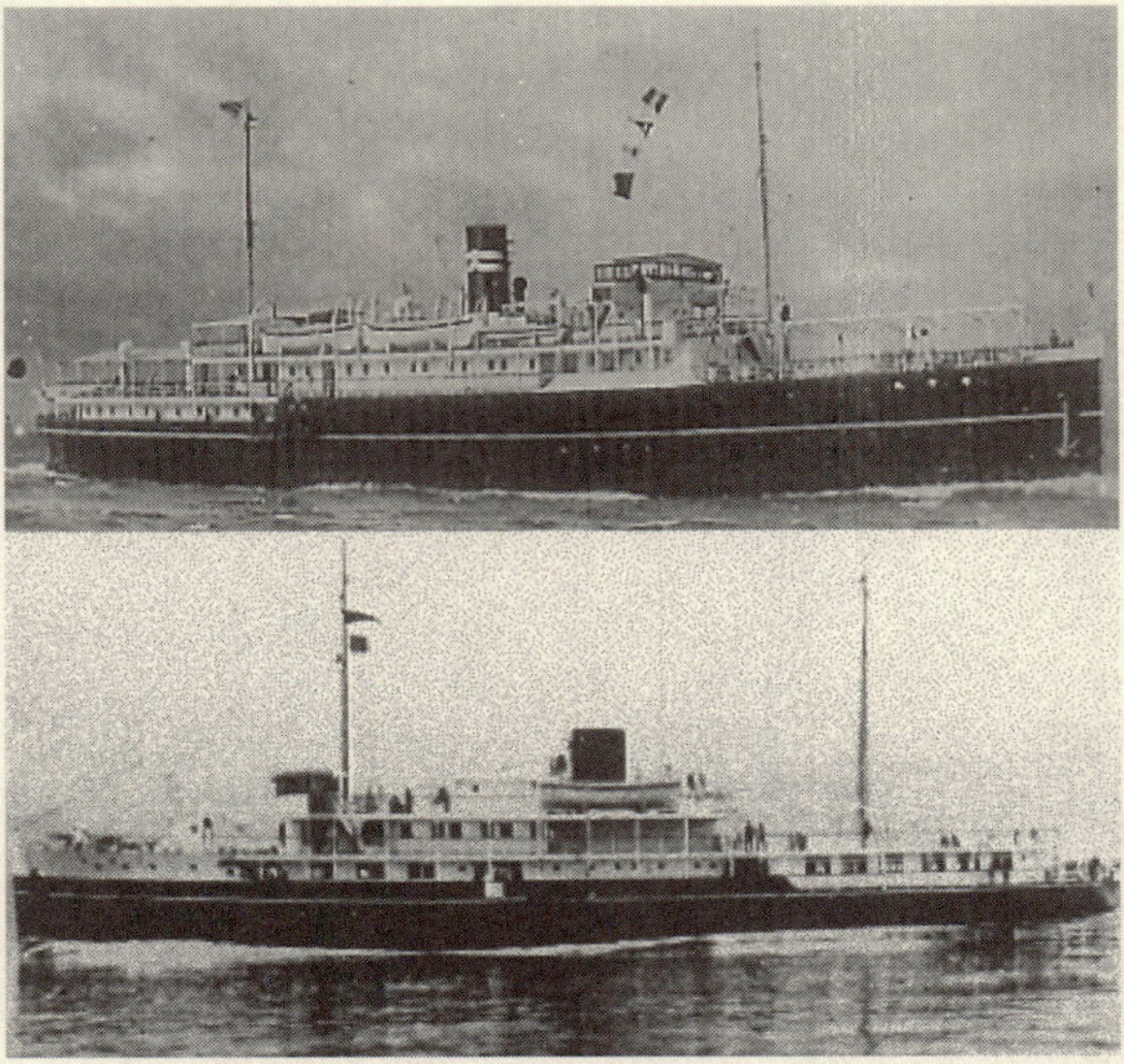

（上）客船牟婁丸、（下）客船菊丸

ある。

各監視艇は小型でありながら、まったくの孤独の監視任務に明け暮れ、敵潜水艦と遭遇した場合には銃砲撃をうけて、ほとんどがその後連絡もないままに乗組員とともに海没してしまうという過酷な任務なのである。とくに戦争末期には敵機動部隊の艦載機や陸上を基地とする大型哨戒機の爆撃や銃撃で撃沈されるという悲劇に遭遇するのであった。

この過酷な任務中には、これら多数の特設監視艇の乗組員には各種患者が発生し、また敵の攻撃に遭遇した艇の乗組員の緊急処置の必要にも迫られる。

これら小型病院船はこのような過

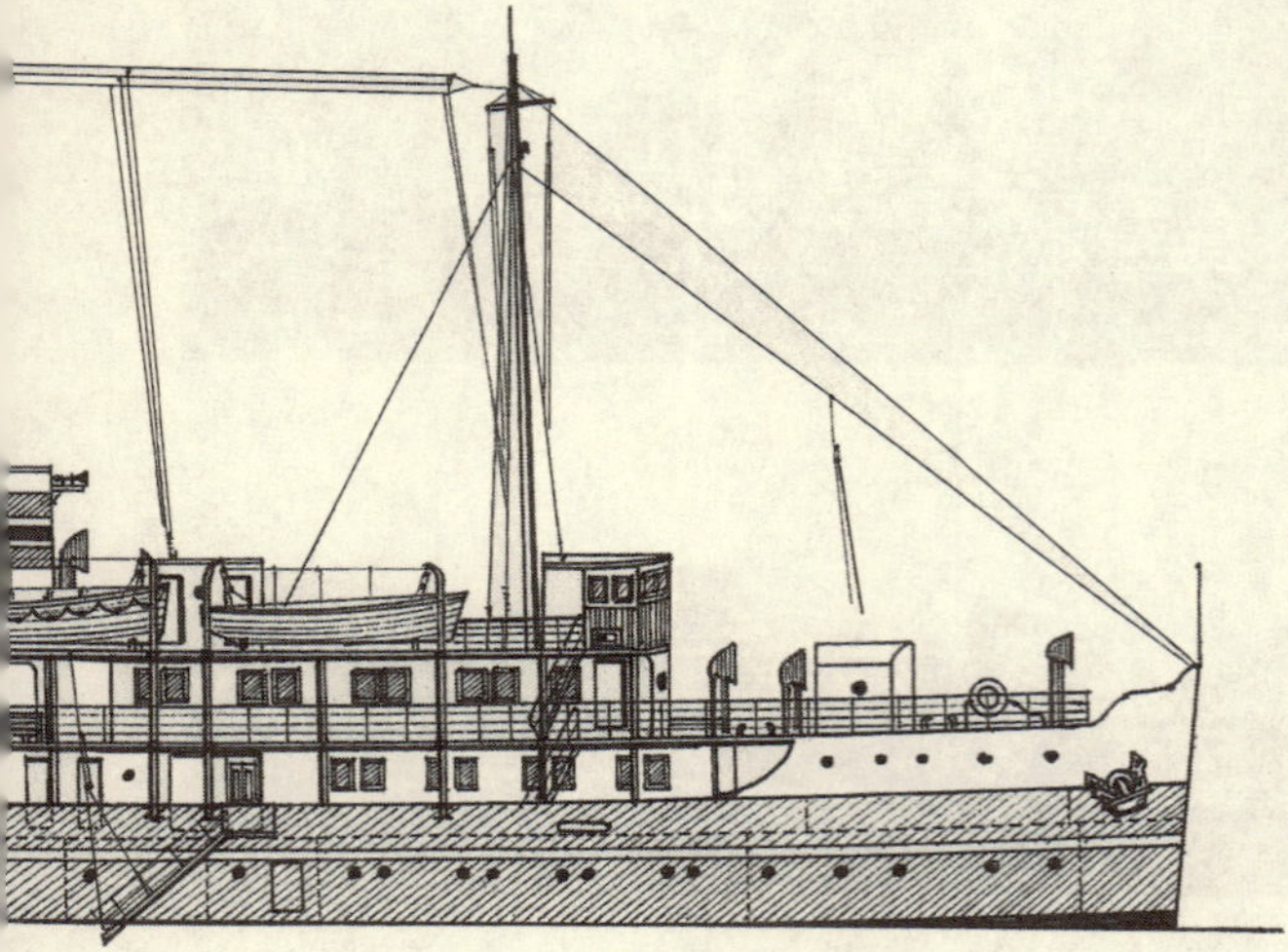

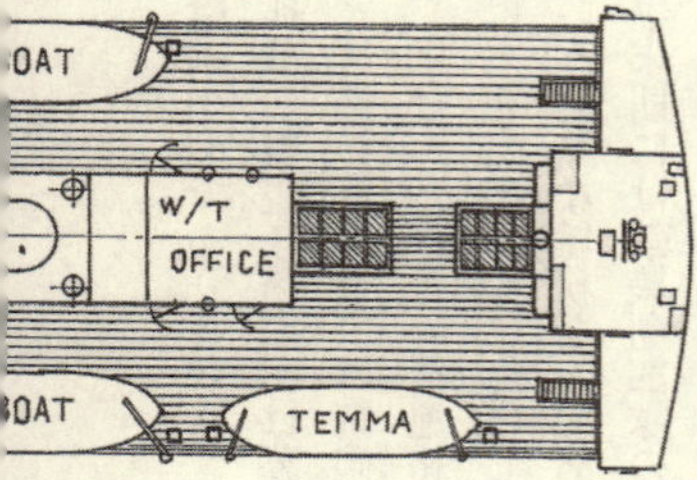

ボートデッキ

第 36 図　小型客船菊丸の船内配置図 -1

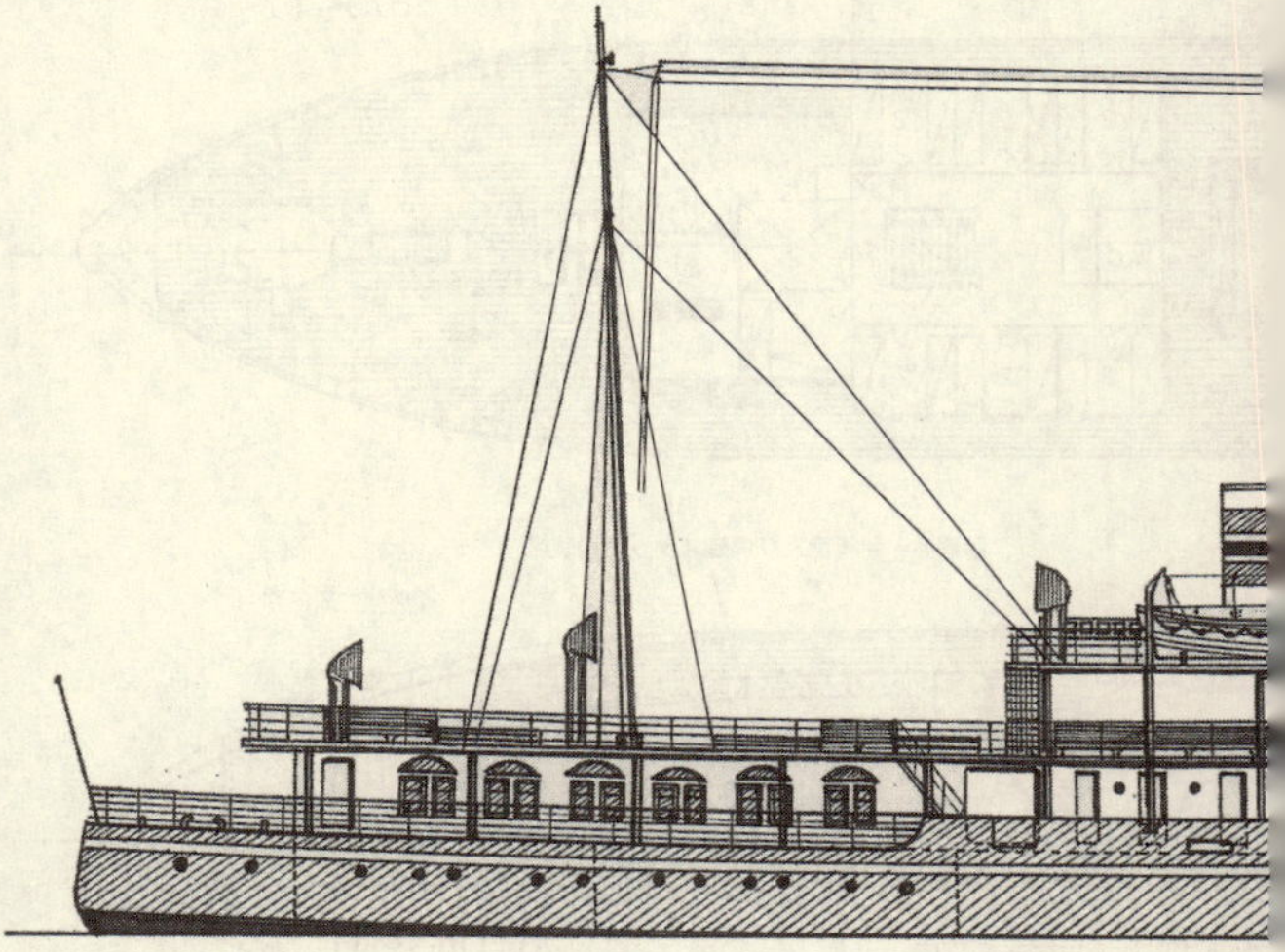

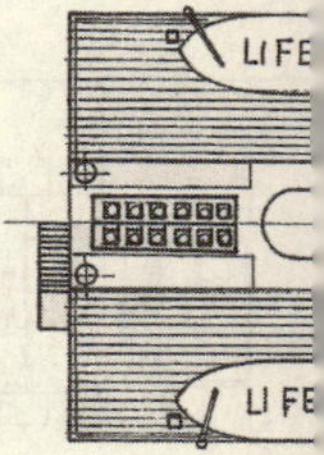

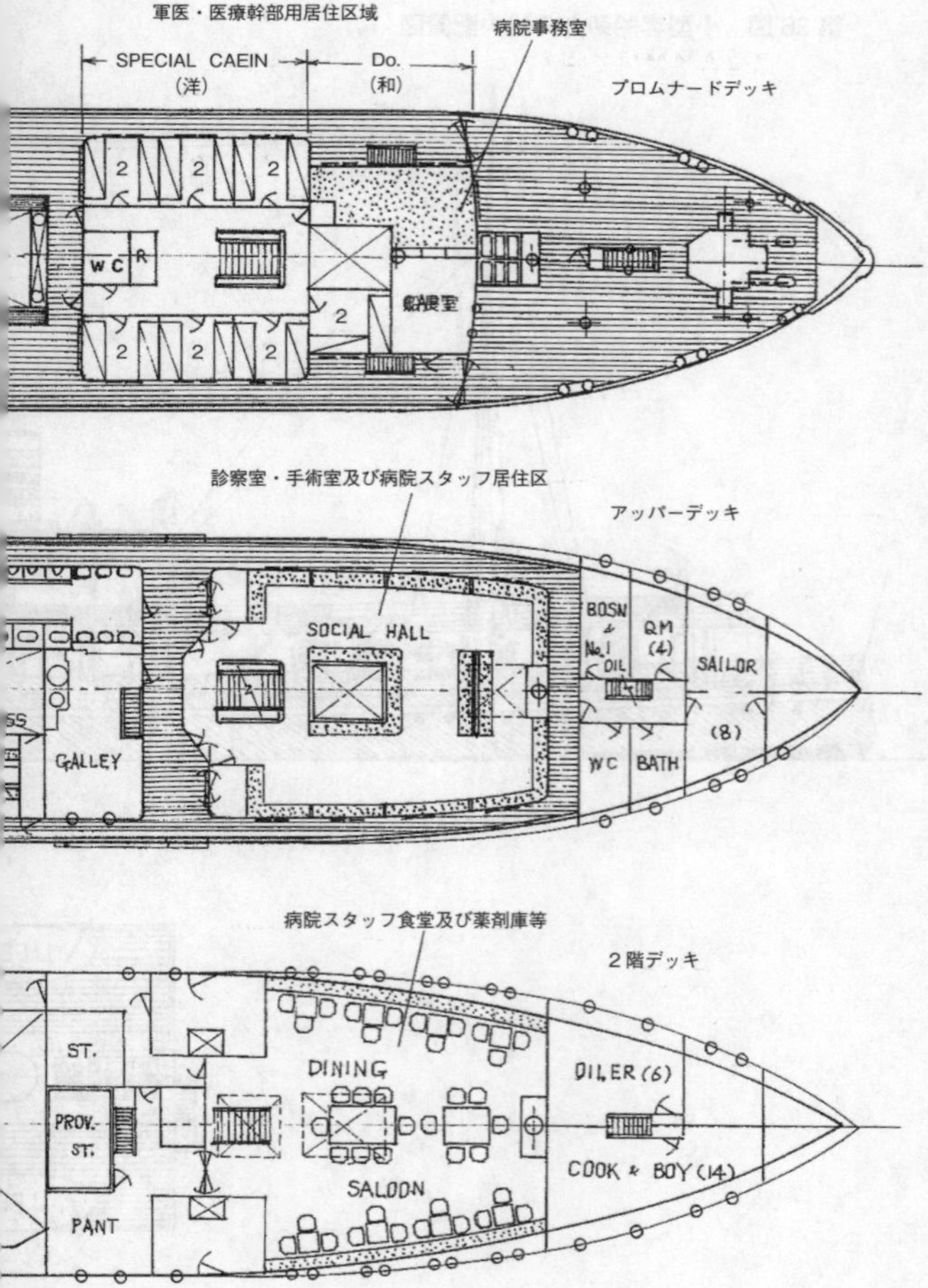
軍医・医療幹部用居住区域
SPECIAL CAEIN
(洋)
Do.
(和)
病院事務室
プロムナードデッキ
2
WC
R
診察室・手術室及び病院スタッフ居住区
アッパーデッキ
SOCIAL HALL
BOSN & No.1 OIL
QM (4)
SAILOR
(8)
WC
BATH
GALLEY
病院スタッフ食堂及び薬剤庫等
2階デッキ
ST.
PROV.-ST.
PANT
DINING
SALOON
OILER (6)
COOK & BOY (14)

第36図　小型客船菊丸の船内配置図 -2

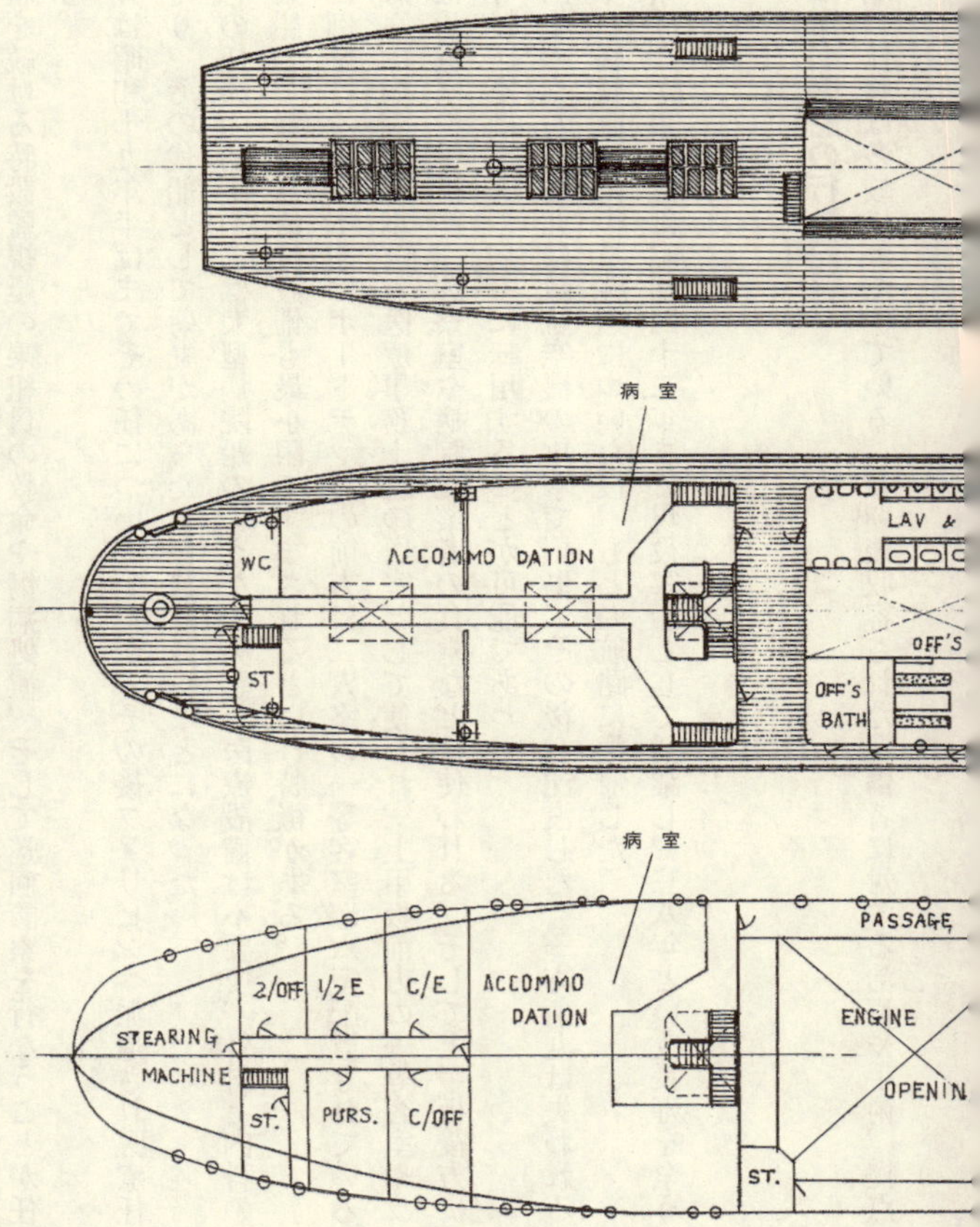

酷な任務を続ける特設監視艇の乗組員の救命や傷病処置、そして巡回診察を行なうことが任務である。

牟婁丸は昭和十九年半ばまでその任についていたが、その後フィリピンへ派遣され医療任務にあたり、その代船として菊丸があらたに任務につくことになった。

これらの任務の病院船には大型病院船のような充実した医療設備は不要で、外科と内科の軍医が乗船し、診療と治療設備も最小限ですまされるという特徴がある。

菊丸に例をとると、本船はボートデッキの前方に二人室の一等客室が六室配置されているが、これらは病院長や軍医、医療事務士官の居室として使われ、上甲板前方の一等客室やラウンジは治療室や手術室、診察室や病院従業者の食堂などに使われる。そして上甲板後方にある二等雑居室は格好の病室に転用することが可能であった。

この二隻のうち牟婁丸は敵航空機の攻撃で損傷、その後、沈没した。一方菊丸は失われることなく、終戦直後に復員輸送についた後、もとの航路に復帰した。

なお余談ながら菊丸は昭和四十二年まで現役客船として活躍し、三八年という長寿を全うした。

日本海軍病院船の行動記録

病院船の任務は多岐にわたっている。戦闘後収容された戦傷者に対する治療や手術、拠点基地の病院や日本本土の海軍病院などへの傷病者の移送、拠点基地や艦隊集結地での外来診療や周辺地域に対する防疫、さらに艦隊や基地への医薬品の配分など様々である。また船内には火葬設備も準備されてあり、収容者で死亡した患者の火葬も行なわれる。医療に携わる軍医の仕事は忙しい、とくに外科担当の軍医はその最たるものとなる。学校では学ぶことがなかったような外傷、症状、そうした治療や手術に臨機応変な対応を迫られる場合が多くなるのである。

病院船の巡回医療航海中の医療業務は極めて多忙である。氷川丸に例をとると、病院船として就役して以来終戦までに、南方戦線方面の巡回診療は二三回に達している。一回あたり航海期間は二ヵ月強となるが、氷川丸が往訪した寄港地は艦隊集結地や海軍根拠地など一二〇ヵ所におよんだ。

それらの地域や基地は、ルオット島、タラワ島、トラック諸島、サイパン島、グアム島、パラオ諸島、ラバウル、カビエン、ウエワク、ホーランディア、ブイン、バリックパパン、クーパン、アンボン、ケンダリーなど、日本海軍が進出した南太平洋および東南アジア全域におよんでいるのである。

ガダルカナル島を撤退した陸軍将兵の治療や日本までの送還も行なっているが、このときは死亡した多くの将兵が船上で火葬に付されている。

この間の氷川丸の航海も決して安全であったわけではない。敵航空機の銃撃を受けたこと二回、爆撃を受けたこと一回（命中弾なし）、敵潜水艦の雷撃を受けたこと一回（このときは魚雷は船底を通過し無事）となっている。いずれの場合も昼間で船体の病院船の標識は明瞭に判別できる状況にあったが、意図的であったのか、あるいはパイロットの目標不確認で行なわれたのか、真相は不明である。このような場合は攻撃を受けた側は国際赤十字社を通じ、相手側に厳重な抗議を申し込むことは可能なのである。

氷川丸も高砂丸も敵の攻撃を複数回受けているが、幸いに沈没の危険が迫るような事態には至っていない。ただ高砂丸は沈没の危険に遭遇したことが二度あった。一度はガダルカナル島攻防戦真っ只中の昭和十七年十一月、ソロモン諸島の日本海軍最前線基地のショートランドで医療作業中、敵大型爆撃機による爆撃で数発の至近弾を受けている。このとき高砂丸の舷側や構造物の一部が損傷した。また昭和十九年四月に、パラオ諸島沿岸で触雷のため船底にかなりの浸水が生じたが、幸いにも沈没には至らなかった。

これら病院船の中で唯一失われたのが小型病院船牟婁丸である。本船はフィリピン戦線に派遣され、島嶼の戦闘での負傷者の収容や治療を展開していたが、その最中の昭和十九年十一月に待機中のマニラ湾で敵機動部隊の大規模な航空攻撃に遭遇、混戦の中で至近弾四発を受け、その損傷個所からの浸水で湾内に沈没した。この攻撃で同船の乗組員や医療担当者など四〇名以上が戦死した。

なお病院船については幾つかの誤解が存在している。その一つが看護婦の乗船である。日本の病院船では原則として看護婦の乗船はない（戦後、高砂丸等が抑留将兵の引揚船として運用されたときから、看護婦の乗船が実施されている）。傷病兵の看護や治療にあたったのは看護・医療の専門の教育を受けた看護担当の下士官兵であった。

病院船が安全を保障された特殊な船舶であることから、太平洋戦争後期になるとこの安全性を利用し、前線の指揮官の命令として、病院船に武器・弾薬あるいは糧秣、さらには兵員の輸送を要求する事例が発生した。その大半は国際的な病院船に関する規則を順守するという船側の厳しい態度が功を奏し、それら輸送は中止されているが、なかには二〜三の条約違反の事例も存在した。その事例の一つが陸軍病院船橘丸（東海汽船社所有、伊豆大島航路配船）事件である。

事件は終戦直前の昭和二十年八月一日に起きた。ニューギニア島西部沖のカイ島から陸軍将兵二四〇〇名と武器弾薬をジャワ島方面に移送するために、病院船橘丸を使うことが現地司令官の命令で決定した。

橘丸船長はこの命令に対し病院船規定違反になるとして激しく抗議したが、現地軍の命令として押し切られ、この輸送を行なうことになった。

しかし橘丸が将兵全員と武器・弾薬などを搭載しカイ島を離れると同時に、アメリカ海軍の哨戒機と哨戒中の駆逐艦二隻が接近し、外見的に明らかに不可解な状態の橘丸（大量の将兵と武器・弾薬の搭載で船体の吃水は、入港時に比較し異常に下がっていた）を条約違反と見なしアメリカ海軍駆逐艦による臨検が行なわれたのである。

明らかに病院船の運航に関わる条約違反であり、橘丸は拿捕され拘留されることになった（その直後、終戦により拘留解除となり日本へ回航された）。

あとがき

本書をお読みいただいて、敷設艦、工作艦、給油艦、病院船がいかなる艦船であったかを理解いただけたかと思う。

日本海軍における機雷敷設は極めて重要な作戦であり、かつ準備であった。四方を海に囲まれた日本の国土を守るために、日本海軍は終戦時までにおよそ五万五〇〇〇個の機雷を日本沿岸や近海に敷設した。さらに作戦の進行の過程で進出基地や要地周辺の海域にも、さらには敵地の海域にも多数の機雷を敷設した。

しかし機雷敷設の効果というものは、決してその労力に見合うものではない。太平洋戦争において日本海軍が敷設した機雷による戦果というものは、敷設した機雷の数に比べれば実にわずかなものであった。そこには日本海軍が使用した機雷の機能が、連合軍側が多用した最新式の感応式機雷ではなく、旧態依然とした接触式の係維式機雷に頼ったことにも大きな原因があったと考えざるを得ないのである。

日本海軍の正規工作艦「明石」の活躍は、数ある主力艦艇の活躍以上のものがあったと考えることができるのである。多大な損傷を受けた主力艦や沈没に瀕した主力艦を直ちに修理・回復させた能力は、多数の主力艦をさらに建造したことにも匹敵する功績を残したのであった。工作艦「明石」は太平洋戦争における日本最高の功績艦であった、と評価することができるものである。

一方民間から徴用した貨物船を改装した特設工作艦の功績も大きく評価しなければならない。ソロモン海域をめぐる一連の海戦の中で、応急の修理を行ない再び戦列に復帰させた功績は、ラバウル基地に在籍し修理を担当した特設工作艦八海丸や山彦丸に帰するべきものであった。

太平洋戦争中の日本海軍の強力な機動部隊の活躍を支えたのは、まさに艦隊随伴の給油船にあったのだ。給油船こそ忘れられた重要艦船ということができる。

太平洋戦争勃発時までに建造された一万総トン、最高速力一九ノットという二一隻の優秀高速油槽船のすべては海軍に徴用され、艦隊用給油船として幾多の機動部隊作戦で艦隊に随伴し給油活動を展開した。しかしその代償は大きかった。これら二一隻はすべて敵の攻撃で失われた。またその後建造された幾多の大型高速油槽船も艦隊給油船として徴用されたが、これらも大半が失われたのである。

しかしこれら多数の大型高速特設給油船の建造の実績は無駄にはならなかった。戦後、日本の発展の大きな礎になったのは輸出用の大型油槽船の建造であった。これら優秀な大型油槽船の建造の源は、すべて戦前から進められていた艦隊用の大型高速油槽船の建造にあったのである。

氷川丸の名前はいまではあまりにも有名である。しかし現在横浜港に保存・係留されている客船氷川丸が、かつて病院船として大活躍していたことを知る人は少なくなっている。

この氷川丸の船内構造や配置がまさに病院船にはうってつけであったことは、その船内配置図を見ただけでも納得のゆくものである。

氷川丸が太平洋の戦場のほぼ全域を駆け巡り、海軍傷病兵の治療や輸送に活躍したことは、本船の大きな功績である。病院船がいかなる条件の下で運用されたのかは、本書で多少なりとも理解いただけたと思うのであるが、太平洋戦争中の日本海軍にとっての大きな汚点の一つが病院船に関わる事件にあったことに、複雑な気持ちを抱かざるを得ないのである。

ＮＦ文庫書き下ろし作品

NF文庫

敷設艦 工作艦 給油艦 病院船

二〇一六年四月十五日 印刷
二〇一六年四月二十一日 発行

著 者 大内建二
発行者 高城直一

発行所 株式会社 潮書房光人社
〒102-0073 東京都千代田区九段北一-九-十一
振替/〇〇一七〇-六-五四六九三
電話/〇三-三二六五-一八六四(代)
印刷所 モリモト印刷株式会社
製本所 東 京 美 術 紙 工
定価はカバーに表示してあります
乱丁・落丁のものはお取りかえ
致します。本文は中性紙を使用

ISBN978-4-7698-2940-9 C0195
http://www.kojinsha.co.jp

NF文庫

刊行のことば

第二次世界大戦の戦火が熄《や》んで五〇年——その間、小社は夥しい数の戦争の記録を渉猟し、発掘し、常に公正なる立場を貫いて書誌とし、大方の絶讃を博して今日に及ぶが、その源は、散華された世代への熱き思い入れであり、同時に、その記録を誌して平和の礎とし、後世に伝えんとするにある。

小社の出版物は、戦記、伝記、文学、エッセイ、写真集、その他、すでに一、〇〇〇点を越え、加えて戦後五〇年になんなんとするを契機として、「光人社NF（ノンフィクション）文庫」を創刊して、読者諸賢の熱烈要望におこたえする次第である。人生のバイブルとして、心弱きときの活性の糧《かて》として、散華の世代からの感動の肉声に、あなたもぜひ、耳を傾けて下さい。